Grundlagenuntersuchungen und Weiterentwicklung der automatischen Farbwechseltechnik für Wasserlacke

Von der Fakultät Konstruktions- und Fertigungstechnik der Universität Stuttgart
zur Erlangung der Würde eines Doktor-Ingenieurs (Dr.-Ing.)
genehmigte Abhandlung

Vorgelegt von Dipl.-Ing Hans-Jürgen Nolte aus Besigheim

Hauptberichter:	Prof. Dr.-Ing. Dr. h.c. E. Westkämper
Mitberichter:	Prof. Dr. A. Goldschmidt, Paderborn
Tag der Einreichung:	04. Februar 1998
Tag der Prüfung:	27. Juli 1998

Institut für Industrielle Fertigung und Fabrikbetrieb der Universität Stuttgart
1998

Hans-Jürgen Nolte

Grundlagenuntersuchungen und Weiterentwicklung der automatischen Farbwechseltechnik für Wasserlacke

Mit 70 Abbildungen und 10 Tabellen

Dr.-Ing. Hans-Jürgen Nolte
Fraunhofer-Institut für Produktionstechnik und Automatisierung (IPA), Stuttgart

Prof. Dr.-Ing. Dr. h. c. mult. H. J. Warnecke
o. Professor an der Universität Stuttgart
Präsident der Fraunhofer-Gesellschaft, München

Prof. Dr.-Ing. Dr. h. c. E. Westkämper
o. Professor an der Universität Stuttgart
Fraunhofer-Institut für Produktionstechnik und Automatisierung (IPA), Stuttgart

Prof. Dr.-Ing. habil. Prof. e. h. Dr. h. c. H.-J. Bullinger
o. Professor an der Universität Stuttgart
Fraunhofer-Institut für Arbeitswirtschaft und Organisation (IAO), Stuttgart

D 93

ISBN-13: 978-3-540-65146-8 e-ISBN-13: 978-3-642-47920-5
DOI: 10.1007/ 978-3-642-47920-5

Gesamtherstellung: Copydruck GmbH, Heimsheim
SPIN 10696879 62/3020–5 4 3 2 1 0

Geleitwort der Herausgeber

Über den Erfolg und das Bestehen von Unternehmen in einer marktwirtschaftlichen Ordnung entscheidet letztendlich der Absatzmarkt. Das bedeutet, möglichst frühzeitig absatzmarktorientierte Anforderungen sowie deren Veränderungen zu erkennen und darauf zu reagieren.

Neue Technologien und Werkstoffe ermöglichen neue Produkte und eröffnen neue Märkte. Die neuen Produktions- und Informationstechnologien verwandeln signifikant und nachhaltig unsere industrielle Arbeitswelt. Politische und gesellschaftliche Veränderungen signalisieren und begleiten dabei einen Wertewandel, der auch in unseren Industriebetrieben deutlichen Niederschlag findet.

Die Aufgaben des Produktionsmanagements sind vielfältiger und anspruchsvoller geworden. Die Integration des europäischen Marktes, die Globalisierung vieler Industrien, die zunehmende Innovationsgeschwindigkeit, die Entwicklung zur Freizeitgesellschaft und die übergreifenden ökologischen und sozialen Probleme, zu deren Lösung die Wirtschaft ihren Beitrag leisten muß, erfordern von den Führungskräften erweiterte Perspektiven und Antworten, die über den Fokus traditionellen Produktionsmanagements deutlich hinausgehen.

Neue Formen der Arbeitsorganisation im indirekten und direkten Bereich sind heute schon feste Bestandteile innovativer Unternehmen. Die Entkopplung der Arbeitszeit von der Betriebszeit, integrierte Planungsansätze sowie der Aufbau dezentraler Strukturen sind nur einige der Konzepte, welche die aktuellen Entwicklungsrichtungen kennzeichnen. Erfreulich ist der Trend, immer mehr den Menschen in den Mittelpunkt der Arbeitsgestaltung zu stellen - die traditionell eher technokratisch akzentuierten Ansätze weichen einer stärkeren Human- und Organisationsorientierung. Qualifizierungsprogramme, Training und andere Formen der Mitarbeiterentwicklung gewinnen als Differenzierungsmerkmal und als Zukunftsinvestition in *Human Resources* an strategischer Bedeutung.

Von wissenschaftlicher Seite muß dieses Bemühen durch die Entwicklung von Methoden und Vorgehensweisen zur systematischen Analyse und Verbesserung des Systems Produktionsbetrieb einschließlich der erforderlichen Dienstleistungsfunktionen unterstützt werden. Die Ingenieure sind hier gefordert, in enger Zusammenarbeit mit anderen Disziplinen, z. B. der Informatik, der Wirtschaftswissenschaften und der Arbeitswissenschaft, Lösungen zu erarbeiten, die den veränderten Randbedingungen Rechnung tragen.

Die von den Herausgebern langjährig geleiteten Institute, das

- Institut für Industrielle Fertigung und Fabrikbetrieb der Universität Stuttgart (IFF),
- Institut für Arbeitswissenschaft und Technologiemanagement (IAT),
- Fraunhofer-Institut für Produktionstechnik und Automatisierung (IPA),
- Fraunhofer-Institut für Arbeitswirtschaft und Organisation (IAO)

arbeiten in grundlegender und angewandter Forschung intensiv an den oben aufgezeigten Entwicklungen mit. Die Ausstattung der Labors und die Qualifikation der Mitarbeiter haben bereits in der Vergangenheit zu Forschungsergebnissen geführt, die für die Praxis von großem Wert waren. Zur Umsetzung gewonnener Erkenntnisse wird die Schriftenreihe „IPA-IAO - Forschung und Praxis" herausgegeben. Der vorliegende Band setzt diese Reihe fort. Eine Übersicht über bisher erschienene Titel wird am Schluß dieses Buches gegeben.

Dem Verfasser sei für die geleistete Arbeit gedankt, dem Springer-Verlag für die Aufnahme dieser Schriftenreihe in seine Angebotspalette und der Druckerei für saubere und zügige Ausführung. Möge das Buch von der Fachwelt gut aufgenommen werden.

H. J. Warnecke E. Westkämper H.-J. Bullinger

Vorwort

Die vorliegende Arbeit entstand während meiner Tätigkeit als wissenschaftlicher Mitarbeiter am Fraunhofer-Institut für Produktionstechnik und Automatisierung (IPA) in Stuttgart. Zum Dank für den Rückhalt während des Entstehens der Arbeit widme ich das Buch meinen Eltern Friedrich und Frieda Nolte.

Herrn Prof. Dr.-Ing. Dr. h. c. Engelbert Westkämper, dem Leiter des IPA und des Instituts für Industrielle Fertigung und Fabrikbetrieb (IFF) der Universität Suttgart, danke ich besonders für seine wohlwollende Unterstützung und Förderung, die zur Durchführung und zum Erfolg dieser Arbeit beigetragen haben.

Herrn Prof. Dr. A. Goldschmidt danke ich für die Bereitschaft zur eingehenden Durchsicht der Arbeit und die wertvollen Hinweise, die sich daraus ergaben sowie für die Übernahme des Mitberichts.

Darüber hinaus danke ich allen Mitarbeitern des Instituts, die mich durch ihre anregende und konstruktive Kritik, Diskussions- und Hilfsbereitschft zum Gelingen der Arbeit unterstützt haben. Mein besonderer Dank gilt den Herren Dr. K. Melchior, Dr.-Ing. Otto Baumgärtner, Dr.-Ing. Pavel Svejda sowie Frau Dr.-Ing. Sabine Plischki und den Mitarbeitern der Abteilung Lackiertechnik.

Stuttgart, 1998

Hans-Jürgen Nolte

Seite

Inhaltsverzeichnis 9

0 Abkürzungsverzeichnis
Größen, Formelzeichen und Einheiten

Großbuchstaben:

A	[m²]	Leitungsquerschnitt
A_I	[N/m²]	Impulsstromdichte
B	[V·s/ m²]	Magnetische Induktion
C,C´,C´´	[1/°C]	Konstanten
C_I	[1/s]	Stoffgröße
D	[1/s]	Schergefälle
F	[N]	Kraft
F_R	[N]	Reibungskraft
F_T	[N]	Trägheitskraft
G	[S]	Leitwert
G_W	[-]	Gewinde
K	[Imp/l]	Proportionalitätsfaktor
L	[m]	Länge
L_F	[m]	Länge des Fluidelements
Q	[ml/min]	Durchfluß
Q_S	[l/s]	momentaner Spülmitteldurchfluß
R	[Ω]	Widerstand
R	[m]	Rohrradius
R^2	[-]	Bestimmtheitsmaß
Re	[-]	Reynoldszahl
Re_{krit}	[-]	kritische Reynoldszahl
Re_M	[-]	Reynoldszahl nach Metzner
T	[°C]	Temperatur
T_0	[°C]	Bezugstemperatur
U	[V]	Spannung
U_{LW}	[V]	A/D-Spannung des Leitwerts
U_M	[V]	Spannung senkrecht zum Magnetfeld
U_Q	[V]	A/D-Spannung des Spülmitteldurchflusses
V	[l]	Volumen des verbrauchten Spülmittels

Kleinbuchstaben:

d	[m]	Rohrdurchmesser
d_i	[m]	Innendurchmesser
d_a	[m]	Außendurchmesser
f	[Hz]	Frequenz
f_{max}	[Hz]	maximale Impulsfrequenz
f_Q	[Hz]	Impulsfrequenz für den Spülmitteldurchfluß
k	[-]	Konsistenzfaktor
k_0	[-]	Konsistenzfaktor bei 0°C
k_L	[cm^{-1}]	Zellenkonstante einer Leitwertmeßzelle
k_W	[mm]	Rohrwandrauhigkeit
n	[$Pa{\cdot}s^n$]	Ostwald-Exponent (Fließexponent)
n_0	[$Pa\ s^n$]	Ostwald-Exponent bei 0°C
p	[bar]	Druck
p_1	[bar]	Druck an Stelle 1
p_2	[bar]	Druck an Stelle 2
Δp	[bar]	Differenzdruck (Druckverlust)
r	[m]	Radius
t	[s]	Zeit
v	[m/s]	Strömungsgeschwindigkeit
$\bar{v}$	[m/s]	mittlere Strömungsgeschwindigkeit
v_{max}	[m/s]	maximale Strömungsgeschwindigkeit
y	[m]	Schmierfilmdicke

Griechische Buchstaben:

α	[°]	Winkel
η	[Pa·s]	dynamische Viskosität
η_0	[Pa·s]	dynamische Viskosität bei 0°C
λ	[-]	Rohrreibungsbeiwert
ν	[m^2/s]	kinematische Viskosität
ρ	[kg/m^3]	Dichte
τ	[N/m^2]	Schubspannung
τ_o	[N/m^2]	Fließgrenze (Schubspannungsgrenze)
τ_w	[N/m^2]	Wandschubspannung
τ_{rx}	[N/m^2]	Schubspannung in r-, x-Ebene

κ	[µS/cm]	elektrische Leitfähigkeit
κ_{GR}	[µS/cm]	Grenzleitfähigkeit
κ_R	[µS/cm]	Referenzwert des Grundleitfähigkeit
κ_Z	[µS/cm]	Leitfähigkeit des „gespülten Zustands"
$\Delta\kappa$	[µS/cm]	Leitfähigkeitsdifferenz
$\Delta\kappa_G$	[µS/cm]	Grenzleitfähigkeitsdifferenz

Abkürzungen:

ASCII	American Standard Code for Information Interchange
FASS	Farbwechselsteuerungssystem
FKx	Farbwechselkomponente
FHM	Bezeichnung für Fa. FHM Meßtechnik
FWB	Farbwechselblock
GE	Graphischer Editor
MS	Microsoft
PC	Personal Computer
PA	Polyamid
PT 100	Bezeichnung für Temperatursensor
PTFE	Polytetrafluorethylen (Teflon)
SPS	Speicherprogrammierbare Steuerung
SW	Schlüsselweite
TA Luft	Technische Anleitung Reinhaltung der Luft
TA Abfall	Technische Anleitung Abfall (Sonderabfall)
VE	vollentsalzt

1 Einleitung und Problemstellung

Aufgrund der seit einigen Jahren zunehmend problematischen Umweltsituation und durch Umweltvorschriften wie die Technische Anleitung zur Reinhaltung der Luft (TA Luft), die Technische Anleitung Abfall (TA Abfall) und die amerikanische Rule 1151 werden in der Lackiertechnik verstärkt Anstrengungen unternommen, den Lack- und Spülmittelverbrauch zu senken. Industrie und Gesellschaft entwickeln ein neues Umweltbewußtsein, das die Entwicklung neuer Technologien in der Oberflächentechnik sowie die Optimierung bestehender Verfahren vorantreibt.

Im Wettbewerb um die Gunst des Käufers wetteifern die PKW- Hersteller zum einen mit Leistung und technischen Raffinessen und zum anderen mit Sparsamkeit und Umweltfreundlichkeit. Es hat sich aber auch gezeigt, daß der erste Eindruck des Autos mit in die Kaufentscheidung des Kunden einfließt. Farbe und Beschaffenheit der Lackierung haben für den Kauf von Automobilen oft eine hohe Bedeutung, müssen daher gefallen und sollen von höchster Qualität sein.

Die Lackierung gehört daher in der Automobilindustrie mit zu den wichtigsten Teilschritten bei der Herstellung eines Personenkraftwagens. Der immense Aufwand, der bei diesem Arbeitsschritt betrieben wird, ist durch die folgenden Anforderungen an den Beschichtungsstoff gerechtfertigt:

- Der Lack soll die Karosserie vor den zerstörenden Einwirkungen der Umgebung z.B. Hitze, Feuchtigkeit, Salz usw. schützen. Er dient als Korrosionsschutz und beugt somit einem frühen Wertverlust des PKWs vor.
- Neben dem funktionellen Aspekt sind auch ästhetische Gesichtspunkte zu nennen: Farbe und Glanz werden häufig den schützenden Qualitätsmerkmalen vorangestellt.

Durch Fortschritte bei der Lackchemie steht heute für Lackierungen eine praktisch unbegrenzte Farbton- und Effektpalette zur Verfügung, so daß Stilisten und Kunden die Qual der Wahl haben /43, 46/. Die große Farbenpalette bedingt zwangsläufig bei der Fahrzeuglackierung einen häufigen Farbwechsel, wobei das Lackzufuhr- und Applikationssystem jedesmal gründlich gereinigt werden muß, um Farbverschleppungen bei der nachfolgenden Farbe zu vermeiden und somit eine einwandfreie Lackierung der nächsten Karosserie zu gewährleisten. Diese Zwischenspülvorgänge können durch die Blockfahrweise, d.h. durch aufeinanderfolgende Karosserien der gleichen Farbe minimiert werden. Nach einigen Lackierungen ist dennoch eine Zwischenspülung erforderlich, um das Verstopfen der Filter und die Bildung von Ablage-

rungen zu verhindern, was zu einer Beeinträchtigung des Lackierergebnisses auf den nachfolgenden Karosserien führen kann. Ferner läßt die, durch das Lackierprogramm auf optimale Maschinen- und Bandauslastung ausgelegte, kundenspezifische Ausstattung der Fahrzeuge auf den anschließenden Montagebändern oft nur kleine Farbblöcke zu. So wird im Durchschnitt alle zweieinhalb Karosserien ein Farbwechsel bzw. ein Spülvorgang durchgeführt. Die notwendigen Farbwechsel zwischen zwei Karosserien müssen je nach Fördergeschwindigkeit des Bandes und des Karosserienabstandes innerhalb von wenigen Sekunden vollzogen sein.
Die Reinigung wird durchgeführt, indem zunächst der Lack aus den Leitungen und den Einbaukomponenten verdrängt wird. Anschließend wird das Lackzufuhrsystem abwechselnd mit Druckluft und Spülmittel durchströmt, bis nahezu alle Farbreste ausgetragen sind. Die hierfür notwendige Zeit, wie auch die Menge an verbrauchtem Spül- bzw. Lösemittel sind Faktoren, die sich in den Betriebskosten der Anlage niederschlagen. Eine Reduzierung des Spülmittelbedarfs bedeutet weiterhin geringere Kosten der Entsorgung und eine Minimierung der Umweltbelastung.

Um nun diese Farbwechsel umweltgerecht und wirtschaftlich zu optimieren, müssen zuerst die strömungstechnischen und rheologischen Grundlagen der heute verstärkt eingesetzten Wasserlacke erarbeitet werden.
Voraussetzung für die Durchführung von reproduzierbaren und aussagekräftigen Versuchen ist die Konstruktion und der Aufbau eines farbwechselgerechten Prüfstandes, in dem die geeignete Meß- und Prüftechnik für den Lackandrück- und Spülvorgang integriert ist. Speziell für den Reinigungsvorgang wird ein Sensor und ein Meßverfahren benötigt, um die Spülqualität bezüglich Zeit und Materialeinsatz festzustellen.
Weiterhin muß für die Ansteuerung des Farbwechselprüfstandes sowie die Meßwerterfassung und -auswertung eine flexibles Software entwickelt werden, die sich problemlos an eine Änderung des Systemaufbaus anpassen läßt.
Aus den systematischen Versuchsreihen können dann einerseits konstruktive und verfahrenstechnische Verbesserungsvorschläge für die Farbwechselkomponenten ausgearbeitet werden, um weitere Einsparungen und Vorhersagen beim industriellen Farbwechsel zu erhalten und andererseits konkrete Kennlinien der Farbwechselkomponenten ermittelt werden, die als Grundlagen zur Vorplanung für Auslegungs- und Simulationsprogramme für Farbwechselsysteme und Lackringleitungsversorgungen dienen.
All diese Teilergebnisse können dann nicht nur in die Optimierung vollautomatischer Lackieranlagen einfließen, sondern auch in Lackierereien mit überwiegend manueller Arbeitsweise zur Qualitätssicherung genutzt werden.

2 Stand der Technik

Heute sind vollautomatische Lackieranlagen mit Lackierautomaten und Lackierrobotern Stand der Technik.
Es ist beispielsweise möglich, eine Karosserie rot, die nächste weiß und die darauffolgende blau zu lackieren, und dies in Abständen von nur wenigen Sekunden. Es ist das Ergebnis moderner Farbwechseltechnik /46/.

2.1 Technische und wirtschaftliche Anforderungen an den automatischen Farbwechsel

Die Anforderungen an den Farbwechsel kommen zunächst aus dem Lackierprozeß. Ein Farbwechsel muß innerhalb einer Zeitspanne durchgeführt werden, die kleiner ist als die Lackierpause zwischen zwei aufeinanderfolgenden Lackiergütern. Die Anforderungen, die an den Farbwechsel gestellt werden, sind daher, gemessen an der dafür zur Verfügung stehenden Zeit, sehr hoch. Die Farbwechselqualität muß so gut sein, daß keine Fremdfarbe auf dem nachfolgenden Lackiergut sichtbar ist und auch keine Störsubstanzen verschleppt werden.
Dabei müssen die Lackverluste, der Spülmittelbedarf und die Lösemittelemissionen so gering wie möglich sein. Voraussetzung dafür ist allerdings, daß die zu spülenden Schläuche möglichst kurz und systemangepaßt sind; bei Hochrotations-Beschichtungsanlagen ist dies im allgemeinen realisiert.
Selbstverständlich sollten die Farbwechselkosten möglichst gering sein. Kostenfaktoren sind der Spülmittelverbrauch, die Lackverluste und die daraus resultierenden Entsorgungskosten. Die Energiekosten spielen im Vergleich zu den Material- und Entsorgungskosten keine Rolle.

2.2 Aufbau einer einfachen Farbwechselversorgung

Voraussetzung für eine gute Lackierung in der gewünschten Farbe ist letztendlich auch eine entsprechende Lackversorgung mit Farbwechseltechnik. In Abbildung 1 auf Seite 18 wird schematisch eine einfache Anordnung, wie sie heute in automatischen Lackieranlagen oft eingesetzt wird, dargestellt.
Sie besteht aus einem Farbwechselblock, an dem für jeden Farbanschluß ein pneumatisch betätigtes Farbventil integriert ist. Weiterhin gehört je ein Spülmittel- und

Luftventil zur Ausstattung des Farbwechselblocks, welche zur Spülung des Gesamtsystems dienen.
Zur vereinfachten Darstellung werden hier nur 10 Funktionsventile am Farbwechselblock aufgezeigt. In der Praxis sind jedoch, um die große Anzahl der zur Verfügung stehenden Farben wechseln zu können, Farbwechselblöcke für mehr als 20 Farben im Einsatz.
Unmittelbar nach dem Farbwechselblock sind die Einrichtungen zur Lackdosierung angebracht. Im allgemeinen sind der Farbwechselblock und die Lackdosiereinrichtungen stationär installiert. Zum bewegten Zerstäuber führt dann ein flexibler Schlauch, dessen Länge möglichst kurz sein sollte, bei Hubautomaten und Robotern jedoch bis zu 6 m lang sein kann.
Direkt am Zerstäuber sitzt ein Rückführventil, über das beim Farbwechsel die Restfarbe und das Spüllösemittel in ein geschlossenes Sammelsystem eingeleitet werden. Ein derartiges Sammelsystem sollte an keiner Spritzeinrichtung mit Farbwechsel fehlen, denn es ist ein wichtiger und gleichzeitig auch relativ einfacher Beitrag zum Umweltschutz.

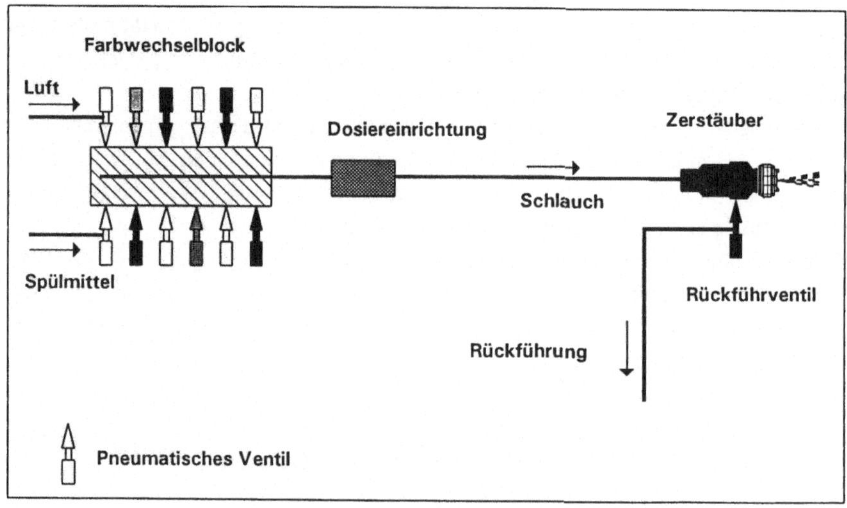

Abb. 1: Schematische Darstellung einer Farbwechselanordnung

2.3 Reinigungssvorgänge beim automatischen Farbwechsel

Zur Spülung eines Farbwechselsystems, das in automatischen Lackierstraßen oft als Stichleitung ausgeführt wird, werden am Farbwechselblock abwechselnd Druckluft und Spülmittel eingeleitet. Dadurch werden relativ schnelle Spülzeiten und zufriedenstellende Spülqualitäten erreicht.

Um den Reinigungsvorgang einfacher und transparenter darzustellen, soll der Vorgang zunächst nur mit Spülmittel (ohne Luft, also nur eine Flüssigkeitsphase) betrachtet werden.
Zu Beginn des Farbwechsels verdrängt das Spülmittel den alten Lack, die Strömung ist laminar. Mit zunehmender Lackverdrängung und Verdünnung steigt die Strömungsgeschwindigkeit durch die geringere Viskosität des Spülmittels und die Abnahme des Gegendruckes an. In den vom Spülmittel bereits durchströmten Schlauchpartien bildet sich aufgrund der Viskositätsunterschiede zwischen Spülmittel und Lack ein Strömungsprofil mit einer Kernströmung aus /46/.

Sobald das Spülmittel das Schlauchende bzw. das Rückführventil erreicht hat, erfolgt der sogenannte Durchbruch der „Spülmittellanze“, die sich aufgrund der höheren Strömungsgeschwindigkeit in der Schlauchmitte gebildet hat. Ab diesem Zeitpunkt steigt der Spülmitteldurchsatz drastisch an, um schließlich einen konstanten Wert zu erreichen.
Der Anstieg resultiert aus den Löse- und Verdünnungsvorgängen, die eine Viskositätserniedrigung bewirken. Bei konstantem Spülmittelvordruck führt dies zu einer Durchsatzerhöhung. Die Strömung wird turbulent. Bei turbulenter Strömung werden auch die Randzonen durch die zusätzlich auftretenden Querströmungen und den erhöhten Impulsaustausch zwischen den Spülmittelmolekülen intensiv gereinigt. Sobald der Spülmitteldurchsatz nicht mehr ansteigt, ist das System gereinigt.
Eine Reinigung nur mit Spülmittel funktioniert zwar prinzipiell, hat aber den Nachteil, daß die Spülmittelverbräuche und dadurch die Kosten extrem hoch sind /46/.

Unter Zuhilfenahme von Druckluft läßt sich der Spülmittelverbrauch stark reduzieren. In der Praxis läuft dies so ab, daß z.B. im Sekundentakt abwechselnd das Spülmittel und die Luft unter möglichst hohem Druck (6-8 bar) in das zu reinigende System eingeleitet werden. Es laufen dabei dieselben Verdrängungs- und Lösevorgänge ab, die beispielhaft für das Spülmittel beschrieben wurden.

Die Reinigungswirkung wird durch die Ausbildung von Blasen, Schaum oder sogenannten „Plugs" begünstigt, da an der Phasengrenze von Luft zu Spülmittel ein zusätzlicher Reibungs- und damit ein Reinigungseffekt auftritt /46/.

2.4 Farbwechselprogramme

Abbildung 2 zeigt ein einfaches Farbwechselprogramm. Es setzt sich aus dem Spülprogramm, dem Andrückprogramm und der Lackierphase für die neue Farbe zusammen.

Die Farbwechselprogramme sind normalerweise reine Ablaufprogramme, in denen in einem bestimmten Zeitraster Ventilfunktionen digital gesteuert werden. Im Beispiel beträgt die Taktdauer des Zeitrasters eine Sekunde.

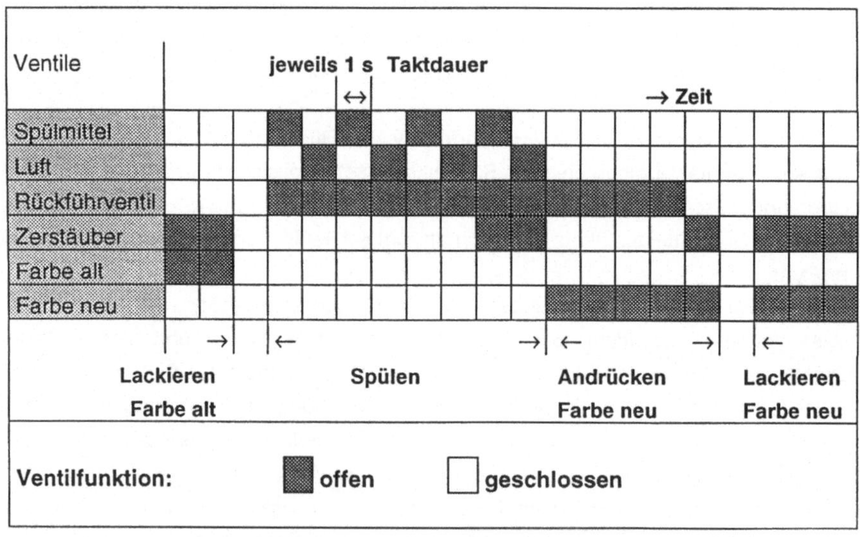

Abb. 2: Beispiel eines einfachen Farbwechselprogramms

Nachdem mit der alten Farbe fertiglackiert worden ist, werden alle Ventile geschlossen. Mit Anlauf des Spülprogrammes wird das Rückführventil an der Spritzpistole geöffnet. Gleichzeitig wird das Spülmittelventil geöffnet und das Spülprogramm beginnt mit einem Spülmitteltakt. Spülmittel- und Lufttakte wechseln sich ab. Während des letzten Spülmittel- und Lufttaktes wird der Zerstäuber ebenfalls geöffnet, um dessen farbführende Räume zu säubern.

Anschließend beginnt das Andrückprogramm. Am Farbwechselblock wird das Ventil für die neue Farbe geöffnet und das System unter Druck mit neuer Farbe gefüllt. Dabei ist das Rückführventil geöffnet. Am Ende des Andrückprogrammes wird für eine Sekunde der Zerstäuber geöffnet, um auch diesen komplett mit Farbe zu füllen. Damit ist das Farbwechselprogramm abgelaufen, und der Lackiervorgang mit neuer Farbe kann gestartet werden.

Die Zeitdauer des Spül- und Andrückprogrammes ist abhängig von der Lackzusammensetzung, der Lackviskosität, vom Löseverhalten des Spülmittels, vom Luftdruck sowie vom Spülmitteldruck, Farbdruck und von den Installationsverhältnissen. Je kürzer die Schläuche sind und je weniger Einbauten zu säubern und zu füllen sind, desto kürzer und verlustarmer können Farbwechselprogramme gestaltet werden. Farbwechselprogramme müssen deshalb für jede Installation und jede Lackapplikation angepaßt werden.

2.5 Kritische Betrachtungen zur heutigen Farbwechseltechnik

Die Farbwechseltechnik umfaßt folgende 4 Teilbereiche:

- Die Installation,
- die Spül- bzw. Lösemittel,
- das Farbwechselprogramm und
- die Beziehung zwischen Kosten und Umwelt.

Diese Bereiche sollten so aufeinander abgestimmt sein, daß ein Optimum von Materialverbrauch und Spüldauer erreicht wird. Selbst Fachfirmen konzipieren und installieren durch mangelnde Grundkenntnisse sowie durch fehlende einfache Berechnungs- und Simulationsprogramme bei der Konstruktion und Montage immer wieder falsch dimensionierte Farbversorgungen.

Installationen

Zur Erhöhung der Farbwechselqualität sollte grundsätzlich als erstes die Installation betrachtet werden, da erfahrungsgemäß dort das größte Potential liegt.
Bei der Schlauchinstallation vom Farbwechselblock zum Zerstäuber ist darauf zu achten, daß die Querschnitte an den Lackdurchsatz beim Lackieren angepaßt sind. Das heißt, die Schlauchquerschnitte sollen zwar möglichst klein sein, aber nicht zu klein, da sonst das Druckniveau beim Lackieren unzulässig ansteigt und die Dosiereinrichtungen überfordert werden.

Bei den Einbauten und Anschlüssen wird häufig gegen die zwei nachfolgend genannten, trivialen Grundsätze verstoßen:

- Keine Hinterschneidungen in Farbwechselkomponenten,
- Übergänge nicht stufig, sondern konisch angepaßt.

Notwendige Dichtflächen sollten genau an der Verbindungsstelle der farbführenden Räume liegen, wobei Querschnittsverringerungen oder -erweiterungen zu vermeiden sind. Der Einsatz von Dichtbändern, Fasern, NPT-Gewinden oder Einklebungen ist grundsätzlich zu unterlassen. Wenn sich Querschnittsänderungen nicht vermeiden lassen, so sollten sie zumindest konisch angepaßt sein. Lassen sich Umlenkungen nicht verhindern oder sind sie sogar zum Erreichen von kurzen Verschlauchungen und zur Reduzierung des Systemvolumens erwünscht, so dürfen keine nichtdurchströmbaren Räume entstehen. Fertigungstechnisch bedingte Sacklöcher sind bündig zu verschließen /46/.

Spülmittelauswahl

Beim Spülmittel kommt es auf die richtige Mischung an. Wichtig ist, daß der Löslichkeitsbereich der eingesetzten Lackbindemittel für die eingesetzten Lacke optimal getroffen wird. Lösungsvorgänge beruhen auf molekularen Kräften wie Dipol-Wechselwirkungen, Wasserstoffbindungen und Dispersions-Wechselwirkungen. Systematische Versuche bei Lack- und Lösemittelherstellern können zur optimalen Spülmittelauswahl beitragen. Zusätzlich sollte für alle in einer Anlage verarbeiteten Lacke angestrebt werden, nur ein Reinigungsmittel zu verwenden.

Aufbau effektiver Spülprogramme

Nach den Installationen und der Spülmittelauswahl muß auch das Farbwechselablaufprogramm bestmöglichst gestaltet werden.

Als vorteilhaft erweist sich die Einführung einer Schaltpause (Totzeit) von ca. 0,2 s zwischen Spülmittel- und Lufttakt. Dadurch wird sichergestellt, daß sich die Schließ- bzw. Öffnungszeiten der Ventile nicht überlagern und ein Medium nicht ins andere drücken kann. Gleichzeitig wird eine pulsierende Strömung erzeugt, die den Reinigungsvorgang infolge Querströmungs- und Schwerkrafteffekten begünstigt.

Zu Beginn des Farbwechselprogramms kann ein verlängerter Lufttakt durchgeführt werden, um das Entfernen der alten Farbe zu beschleunigen. Nach dem letzten Spülmitteltakt sollte ein Lufttakt und ein Leertakt von ca. 1 s folgen. Dadurch entspannt sich das gesamte Farbwechselsystem, und Lackreste können der Schwerkraft folgend aus strömungsungünstigen Stellen fließen. Am Ende des Spülvorgangs

sollte ein verlängerter Lufttakt durchgeführt werden, um das System endgültig zu reinigen und von Spülmittelresten freizublasen.
Die Beachtung dieser Punkte führt zu einem effektiveren Farbwechsel bei reduziertem Spülmitteleinsatz.
Bei Wasserlackdispersionen kann das Leerblasen mit zu viel Luft allerdings zu unerwünschten Antrocknungseffekten führen. Gegenmaßnahmen sind entsprechende Programmänderungen oder ein Befeuchten der Luft für den Farbwechsel.

Die Farbwechseldauer, das heißt die Zeit für das Leerdrücken, Säubern und Andrükken der Neufarbe, ist trotz aller Praktiken abhängig von den Installationsverhältnissen, den anstehenden Mediendrücken und der Farbfolge. So ist z.B. ein Farbwechsel von Rot zu Weiß besonders schwierig, ein Farbwechsel von Grün zu Blau jedoch unkritisch. Warum soll für den unkritischen Farbwechsel dasselbe Spülprogramm ablaufen wie für die schwierigste Farbfolge?

Farbwechselkosten und Umwelt

Bei den Farbwechselkosten gibt es den Zusammenhang: Was die Umweltbelastung reduziert, reduziert gleichzeitig auch die Kosten. Ebenso gilt: Was die Spülbarkeit verbessert, mindert die Kosten. Selbst der beste Farbwechsel ist schlechter als kein Farbwechsel. Ein vermiedener Farbwechsel kostet nichts, und ein durchgeführter Farbwechsel kann je nach Installation und Farbwechselprogramm bis zu ca. 3 DM pro Zerstäuber kosten. Das Sammeln der Spülflüssigkeit im geschlossenen System ist für die Umwelt der wichtigste Beitrag. Kostenseitig schlagen folgende Faktoren zu Buche:

- Verlust an Restfarbe
- Spülmittelverbrauch
- Druckluftverbrauch
- Entsorgungskosten

Bei den meisten Farbwechselvorgängen ist der Verlust an Restfarbe der größte Kostenfaktor. Verringert werden können die Farbverluste, indem der Systeminhalt minimiert und der Farbwechslblock möglichst nahe am Zerstäuber installiert wird.
Ein zusätzliches Potential kann sich durch dosiertes Nachdrücken von Spülmittel oder Luft am Ende des Lackierens ergeben, denn dadurch können noch ca. 50% des Systeminhaltes zum Lackieren verwendet werden. Die Reduzierung des Spülmittelverbrauchs ergibt sich durch den Einsatz eines Spülmittels mit optimalem Löseverhalten für den eingesetzten Lack, einer Optimierung der Farbwechselprogramme und durch den Einsatz verschiedener Spülprogramme je nach Schwierigkeit des

Farbwechsels. Durch den Einsatz von Recycling-Spülmittel oder von zwei Spülmittelqualitäten zum Vor- und Fertigspülen können sich weitere Einsparungen ergeben. Unter den aufgeführten Kostenfaktoren ist der Druckluftverbrauch am geringsten. Es ist günstiger mehr Druckluft anstatt zu viel Spülmittel einzusetzen. Ein Sparpotential liegt lediglich bei unnötig langen Spülprogrammen vor. Bei den Entsorgungskosten liegt ein zusätzliches Potential im Recycling der gebrauchten Spülflüssigkeiten /46/.

2.6 Auf Grundlagen basierende Farbwechseltechnik

Eine schnelle, umweltfreundliche und kostengünstige Durchführung von Farbwechselvorgängen spielt bei automatischen Lackieranlagen eine wichtige Rolle. Speziell in der Automobilindustrie werden bei aufeinanderfolgenden Farbwechseln schnell ablaufende Zyklen für die Reinigung und das Lackandrücken gefordert.

Der Stand der Technik beim automatischen Farbwechsel sind Installationen, die auf Erfahrungswerten basieren und starre Ablaufspülprogramme, bei welchen die Reinigung abwechselnd mit Spülmittel und Druckluft vorzugsweise im Sekundentakt erfolgt. Der Spülmittelverbrauch sinkt dabei auf einen Bruchteil der Menge, die eingesetzt werden müßte, wenn nur mit Spülmittel gespült würde. In Verbindung mit einer Rückführung für die Restfarbe und das Spülmittel in einen geschlossenen Behälter läßt sich der Farbwechsel relativ umweltschonend durchführen.

Trotz aller Anstrengungen auf diesem Gebiet ist der Farbwechsel immer noch mit großen Lack- und Spülmittelverlusten verbunden, da dieser zu häufig und in der Lackierlinie immer bei mehreren Zerstäubern stattfindet. Dies trifft insbesondere bei Beschichtungsrobotern zu, bei denen die zu spülenden Lackleitungen aufbaubedingt länger sind.

Das Ziel der Untersuchungen, die in dieser Arbeit durchgeführt werden, ist die Erarbeitung von Grundlagen zur Quantifizierung der Farbwechseltechnik und die Umsetzung an konkreten Farbwechselkomponenten. Die Ergebnisse sollen dann als Grundlagen für Dimensionierungs- und Simulationsprogramme dienen, um eine weitere Reduzierung der Lack- und Spülmittelverluste zu erreichen und um konstruktive, verfahrens- und meßtechnische Verbesserungsmaßnahmen aufzuzeigen. Dies erfolgt vor allem unter Berücksichtigung des verstärkten Wasserlackeinsatzes und unabhängig von Zerstäubersystemen.

Voraussetzung zur grundlagenorientierten Untersuchung von Farbwechsel- und Spülvorgängen ist die Entwicklung, Konstruktion und der Aufbau eines Prüfstands mit ausgewählten Lackversorgungskomponenten, geeigneter Sensorik für die meßtechnische Erfassung der Fluide und Spülqualität sowie einer flexiblen Steuerung, die unter Einbeziehung von Teilergebnissen zum Simulationsprogramm erweitert werden kann.

Die Erarbeitung der Grundlagen von newtonschen (Löse- und Spülmittel) und speziell nichtnewtonschen (Wasserlacke) Fluiden zeigt Woge auf, um die dynamischen Strömungsvorgänge in Rohrsystemen für Wasserlacke zu berechnen. Wichtig ist hierbei die Ermittlung der rheologischen Lackmaterialkennwerte. Mit diesen Parametern können die verursachten Druckverluste der Einzelkomponenten sowie Teil- bzw. Gesamtsysteme berechnet und in bezug auf ihre Einsatzfähigkeit im System überprüft werden. Die Zielsetzung hierbei ist es, die Auswirkungen der prozeßspezifischen Parameter auf die Installationen theoretisch zu erfassen und deuten zu können, um einen bestmöglichen Aufbau der Lackversorgungen zu verwirklichen.

Das Abbruchkriterium eines Spülprogramms bei unterschiedlichen Farbfolgen wird durch eine definierte Spülqualität (gespülter Zustand) festgelegt. Hierfür wird ein speziell für dynamische Strömungsvorgänge geeigneter Sensor entwickelt, geprüft und eingesetzt. Durch Beschichtungsversuche mit definierter Verunreinigung zweier kritischer Farbtöne wird die Korrelation zu den verschiedenen Spülmittel-Lack-Konzentrationen hergestellt. Der gespülte Zustand wird bei einer farbabhängigen Grenzkonzentration festgelegt. Diese farbspezifische Grenzkonzentration dient dann als Maß der Spülqualität. Durch konstruktive Komponentenänderungen bzw. -variationen sowie Untersuchungen verschiedener Spülprogramme (Ein- und Zweiphasenspülung) werden die Merkmale für die optimale Spülbarkeit von Bauteilen sowie eine Erhöhung der Spülqualität aufgezeigt. Die Erhöhung der Qualität bedeutet hier eine weitere Reduzierung des Spülmittelverbrauchs bei gleichbleibendem Spülergebnis (farbspezifische Grenzkonzentration).

Die Lösungswege werden schwerpunktmäßig für den Einsatz von Beschichtungsrobotern und -automaten bei zentraler, automatischer Lackversorgung dargestellt. Die optimierte Farbwechsel- und Spültechnik findet ihre Anwendung nicht nur in der Großindustrie für Simulation und Planung, sondern auch in Klein- und Mittelbetrieben beim manuellen Lackieren im Aufbau und der Handhabung der Lackversorgung. Am Beispiel einer neu entwickelten teilautomatischen Handlackierstation wird die Umsetzung und Übertragbarkeit der Ergebnisse aufgezeigt.

3 Grundlagen und Berechnungsansätze für die Strömungsvorgänge der Farbwechseltechnik

Beim Aufbau einer Farbversorgung beruhen auch bei Fachfirmen die meisten konstruktiven Auslegungsdaten auf persönlichen Erfahrungswerten. Um nun dies auf wissenschaftliche Grundlagen zu stellen, wird im folgenden näher auf die Rheologie und die Strömungsmechanik eingegangen.

3.1 Die rheologische Eigenschaften und das Viskositätsverhalten verschiedener Fluide

Die Rheologie behandelt allgemein das Fließverhalten von Stoffen. Zu betrachten sind hier insbesondere die Strömungseigenschaften in Leitungssystemen. Die Darstellung erfolgt in Form von Fließkurven (ggf. Viskositätskurven). Die wichtigste Einflußgröße ist die Schubspannung τ [N/m^2].

$$\tau = \frac{F}{A} \tag{3.1}$$

F = Kraft [N]
A = Leitungsquerschnitt [m^2]
Sie wird gegen das Geschwindigkeitsgefälle D [1/s] (Schergefälle) aufgetragen.

$$D = \frac{dv}{dy} \tag{3.2}$$

dv = Strömungsgeschwindigkeitsgradient [m/s]
dy = Schmierfilmdicke [m]
Für newtonsche Flüssigkeiten erhält man bei konstanter Temperatur und konstantem Druck eine lineare Beziehung. Da die dynamische Viskosität η [Pa $\cdot$s]

$$\eta = \frac{\tau}{D} \tag{3.3}$$

ist, läßt sich daraus die Viskosität des Stoffes berechnen. Wird die dynamische Viskosität gegen das Geschwindigkeitsgefälle aufgetragen, so ergibt dies parallele Geraden. Ein solches Fließverhalten ist charakteristisch für newtonsche Flüssigkeiten. Besteht die Proportionalität zwischen der Schubspannung und dem Geschwindigkeitsgefälle nicht, spricht man von nichtnewtonschen Flüssigkeiten. Das nichtnewtonsche Fließverhalten kann auch durch die beanspruchungsabhängige Scheinviskosität beschrieben werden, da sich die Viskosität nur bei einer bestimmten konstanten Schubspannung konkretisieren läßt.

Einige der klassischen Fließverhalten werden in Abbildung 3 dargestellt /9, 39/.

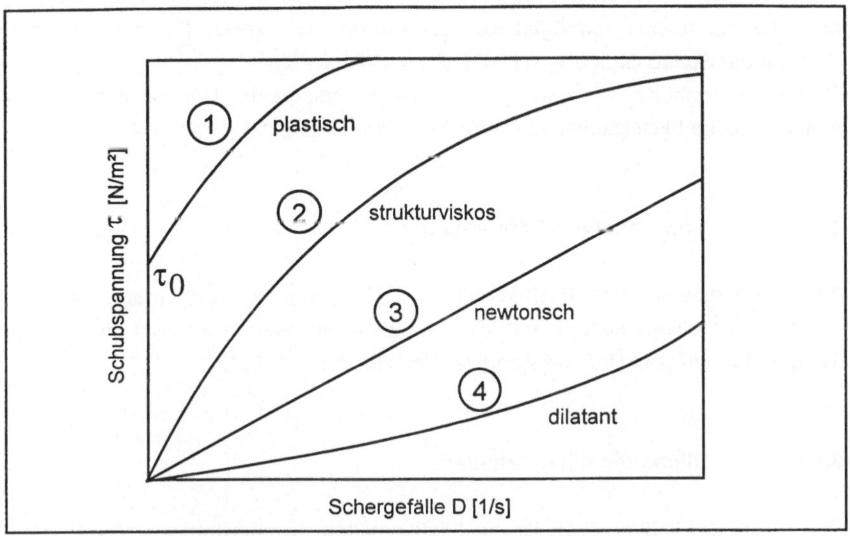

Abb. 3: Darstellung verschiedener Fließkurven mit unterschiedlichem rheologischen Verhalten (1. plastisch, 2. strukturviskos, 3. newtonsch, 4. dilatant)

3.1.1 Plastisches Fließverhalten

Das plastische Fließverhalten ist ein Fließverhalten nichtnewtonscher Stoffe, bei denen zur Überwindung der inneren Reibung bis zur Fließgrenze τ_0 eine endliche Schubkraft benötigt wird (BINGHAM-FLUID).
Oberhalb der Fließgrenze verhält sich ein plastischer Stoff strukturviskos (z.B. Schmierfette, Zahnpasta, Ketchup) /4, 9, 13/.

3.1.2 Strukturviskoses Fließverhalten

Das strukturviskose Fließverhalten ist ein Fließverhalten nichtnewtonscher Stoffe, deren Viskositäten durch Steigerung des Schergefälles abnehmen. Man kann sich dies wie ineinander verknäuelte langkettige Moleküle oder Flüssigkeitselemente im Ruhestand der Flüssigkeit vorstellen.

Mit Einsetzen der Schubwirkung werden die Moleküle in zunehmendem Maße entflochten und in Strömungsrichtung orientiert. Es bilden sich also Fließstrukturen aus. Darüber hinaus vermögen sich ursprünglich sehr große Elemente unter der Wirkung der Schubspannung in kleinere aufzulösen.
OSTWALD gehörte zu den ersten, die grundlegende Untersuchungen über strukturviskose Flüssigkeiten (z.B. Wasserlacke) durchgeführt haben /4, 9, 13/.

3.1.3 Newtonsches Fließverhalten

Bei einem newtonschen Fließverhalten ist die Schubspannung proportional dem Geschwindigkeitsgradienten und die Proportionalitätskonstante eine nur von der Temperatur und vom Druck abhängige Stoffkonstante /4, 9, 13/.

3.1.4 Dilatantes Fließverhalten

Das dilatante Fließverhalten ist ein Fließverhalten nichtnewtonscher Stoffe, deren Viskositäten mit dem Schergefälle zunehmen. Den Begriff "dilatante Flüssigkeiten" benutzte erstmals REYNOLDS im Zusammenhang mit Suspensionen fester Teilchen in Flüssigkeiten.
Er erklärte die Abnahme der Fließfähigkeit (Kehrwert der Viskosität) der Suspension mit wachsendem Schergefälle folgendermaßen:
Im Ruhezustand bilden die festen Körper die dichteste Packung. Ihre Zwischenräume werden gerade von der Flüssigkeit ausgefüllt. Bei einsetzender Bewegung wirkt die Flüssigkeit wie ein Schmierfilm zwischen den festen Teilchen. Mit steigender Scherbeanspruchung wird die Packung aufgelockert; dieser Vorgang wird als Dilatation bezeichnet.
Da jedoch das Flüssigkeitsvolumen zwischen den Teilchen unverändert bleibt, wird ihre Schmierwirkung geringer. Die Reibung zwischen den Teilchen wird demnach größer, und die Fließfähigkeit der Suspension sinkt /4, 9, 13/.

3.1.5 Besonderheiten beim rheologischen Verhalten

Die Rheopexie ist ein zeitabhängiges Fließverhalten, bei dem die Viskosität infolge andauernder mechanischer Beanspruchung vom Wert im Ruhestand her gegen einen Endwert hin ansteigt und nach dem Beenden der Beanspruchung wieder abnimmt /4, 9, 13/.

Die Thixotropie ist ein zeitabhängiges Fließverhalten, bei dem die Viskosität infolge andauernder mechanischer Beanspruchung vom Wert im Ruhestand her gegen einen Endwert hin abnimmt und nach dem Beenden der Beanspruchung wieder zunimmt /4, 9, 13/.
Da dieses Verhalten bei den für die Versuche verwendeten Wasserbasislacken ausgeprägt ist, wurde, um eine zur Auswertung reproduzierbare und mathematisch beschreibbare Fließkurve zu erhalten, unter Verwendung des Rotationsviskosimeters (siehe Kapitel 3.1.6) vorgeschert und nur mit fallenden, feststehenden Drehzahlen Werte aufgezeichnet.
Werden von thixotropen und rheopexen Substanzen, die ein von der Vorgeschichte abhängiges Fließverhalten aufweisen, zunächst mit steigendem und dann mit fallendem Geschwindigkeitsgefälle die Fließkurven aufgezeichnet, so erhält man eine Hysteresis-Kurve, d.h. zwei Kurvenäste, die nicht deckungsgleich sind /4, 9, 13/.

3.1.6 Viskositätsbestimmung mit einem Rotationsviskosimeter

Zur Viskositätsbestimmung können verschiedene Verfahren bzw. Viskosimeter eingesetzt werden wie beispielsweise Platten-, Zylinder- und Kegel-Platten-Viskosimeter.
Um Meßergebnisse der Viskositätskurven vergleichen zu können, muß dasselbe Meßsystem verwendet werden. Unterschiedliche Meßsysteme ergeben aufgrund ihres geometrischen Aufbaus verschiedene Meßergebnisse /14, 15, 16/. Die Messungen in dieser Arbeit wurden mit einem Zylinder-Rotationsviskosimeter durchgeführt. Bei diesen Absolut-Meßsystemen (Rotor-Stator-System) ist die Geometrie so gewählt, daß die Schubspannung und das Schergefälle berechnet werden können.
Die Schubspannung hängt ab von

- der Geometrie der Meßeinrichtung (Radius, Höhe) und
- dem Typ des Meßkopfes (max. Drehmoment).

Das Schergefälle hängt ab von

- der Geometrie des Meßsystems (Radienverhältnis) und
- der Drehzahl des Rotors.

Die Schubspannung und das Schergefälle lassen sich durch gerätespezifische Faktoren des Viskosimeters, die mit Hilfe von Eichflüssigkeiten ermittelt werden und durch die Spannung, die am Drehmoment bzw. am Drehzahlausgang gemessen werden, bestimmen.

3.2 Strömungsdynamik im Leitungssystem

3.2.1 Charakteristische Strömungsvorgänge inkompressibler Fluide

Stationäre Strömungsvorgänge

Ein Strömungsvorgang ist stationär, wenn alle Zustandsgrößen, wie z.B. Geschwindigkeit, Druck und Temperatur, an jeder Stelle der betrachteten Strömung zeitunabhängig gleich sind.

Die geometrischen Abmessungen des zu betrachtenden Systems dürfen also nicht geändert werden, da der Strömungsvorgang beispielsweise durch Veränderung eines Ventilquerschnittes in der Rohrleitung beeinflußt wird und damit nicht mehr stationär ist /16, 40/.

Instationäre Strömungsvorgänge

Unter einer instationären Strömung wird ein Vorgang verstanden, bei dem Druck und Geschwindigkeit an jeder Stelle des Systems zeitlich nicht konstant sind.

Durch die zeitliche Änderung des Geschwindigkeitsgradienten an einer bestimmten Stelle des Systems entsteht aufgrund der dort auftretenden Beschleunigungs- bzw. Verzögerungskräfte ein Druckunterschied innerhalb des Systems. Die Druckänderungen infolge der Reibungsverluste sind bei diesem Strömungstyp gegenüber denen, die durch Beschleunigungs- bzw. Verzögerungskräfte verursacht werden, vernachlässigbar /80/.

Quasistationäre Strömungsvorgänge

Bei diesen Strömungsvorgängen können die Beschleunigungs- bzw. Verzögerungskräfte, die durch zeitliche Veränderung der Geschwindigkeit an einer bestimmten Stelle auftreten, gegenüber den Reibungskräften vernachlässigt werden.

Der quasistationäre Strömungsvorgang wird mit den Gleichungen der stationären Strömungsvorgänge beschrieben, und zwar so, als ob keine zeitliche Veränderung der Geschwindigkeit an einer definierten Stelle auftritt /80/.

3.2.2 Strömungsverhältnisse in einem Rohr

Bei der Fluidströmung durch ein Rohr können zwei verschiedene Strömungszustände auftreten:

① laminare Strömung

② turbulente Strömung

Der Übergang von einer laminaren zu einer turbulenten Rohrströmung tritt bei der kritischen Reynoldszahl Re von ca. 2300 auf (siehe auch Kapitel 3.2.6).

Laminare Rohrströmung

Ein Strömungsvorgang verläuft laminar, wenn die einzelnen Flüssigkeitsteilchen ihren Abstand von der Wand oder von der Rohrachse beibehalten. Alle Flüssigkeitsteilchen, die sich im gleichen Abstand von der Rohrachse (auf einem sogenannten Stromfaden) bewegen, haben dann an einer beliebigen Stelle des Rohres bei konstantem Querschnitt die gleiche Geschwindigkeit (siehe Abb. 4) /9/.

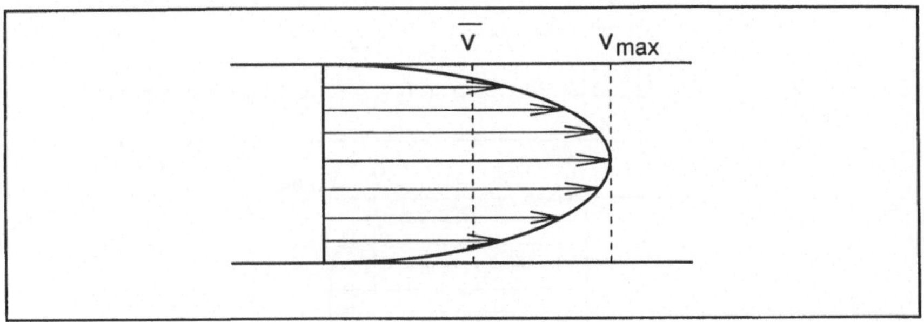

Abb. 4: Parabolisches Geschwindigkeitsprofil bei einer laminaren Strömung

Das Verhältnis der maximalen Geschwindigkeit v_{max} in der Rohrmitte zur gemittelten Geschwindigkeit $\bar{v}$ beträgt 2.

$$\frac{v_{max}}{\bar{v}} = 2 \qquad (3.4)$$

Turbulente Rohrströmung

Bei der Überschreitung der kritischen Reynoldszahl Re von ca. 2300 geht der Stromfaden in eine wellenförmige Bewegung über, die sich in einzelnen Wellenbewegungen auflöst und sich dabei nahezu über den gesamten Rohrquerschnitt verbreitet. Zwischen den einzelnen Stromfäden findet ein Queraustausch diskreter Flüssigkeitsteilchen statt. Für die Erscheinung der Turbulenz ist der Queraustausch ein wesentliches Kennzeichen. Der Austausch von Flüssigkeitsballen, darunter werden die ausgetauschten Flüssigkeitselemente zwischen den benachbarten Schichten verstanden, ist mit einer zeitlichen Schwankung der Geschwindigkeit verbunden /9/.

Der zeitunabhängige Mittelwert der Geschwindigkeit wird aus der Überlagerung der Schwankungsgeschwindigkeiten, die in allen drei Richtungen der Raumkoordinaten auftreten, erhalten. Das Produkt aus Schwankungsgeschwindigkeit und transportierter Masse ergibt einen Impuls. Daher wird hier von einem turbulenten Impulsaustausch gesprochen. Dieser turbulente Impulsaustausch ist für den Druckverlust und die Spülvorgänge d.h. für Wärme- und Stofftransportübergänge von großer Bedeutung. Die Erhöhung des Druckverlustes durch Turbulenzen ist wegen des erhöhten Energieaufwandes unerwünscht. Dagegen wird die Erhöhung des Reibungseffektes für den Spülvorgang ausgenutzt.

Der stark erhöhte Impulsaustausch quer zur Strömungsrichtung führt zu einer Abflachung des Geschwindigkeitsprofils (siehe Abb. 5). Das Geschwindigkeitsprofil läßt sich durch das "Blasiussche 1/7 Potenzgesetz" (rein empirisch ermittelt) beschreiben:

$$v(r) = (1 - \frac{r}{R})^{\frac{1}{7}} \cdot v_{max} \tag{3.5}$$

Die Gleichung von Blasius ist für den Bereich $(4 \cdot 10^3 \leq Re \leq 5 \cdot 10^5)$ gültig /9/.

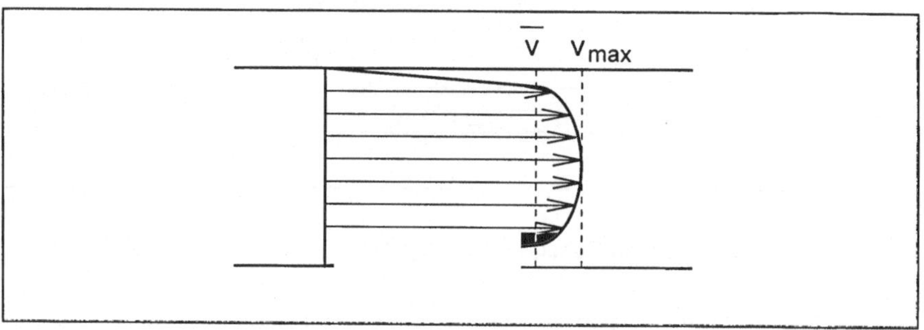

Abb. 5: Geschwindigkeitsprofil bei einer turbulenten Strömung

Das Verhältnis der maximalen Geschwindigkeit v_{max} in der Rohrmitte zur gemittelten Geschwindigkeit $\bar{v}$ beträgt 1,2.

$$\frac{v_{max}}{\bar{v}} = 1{,}2 \tag{3.6}$$

3.2.3 Berechnung der Rohrreibungszahl λ glatter zylindrischer Rohre

Die dimensionslose Rohrreibungszahl λ berücksichtigt den Einfluß der Oberflächenrauhigkeit und der Geschwindigkeit auf die Querströmung, die der Hauptströmung überlagert wird. Hydraulisch glatte Rohre liegen vor, wenn die Grenzschichtdicke größer als die Wanderhebung ist (siehe Abb. 6, Seite 33).

Für den laminaren Bereich in Rohrleitungen (Re ≤ 2300) gilt nach METZNER und REED sowohl für newtonsche als auch für viskose, nichtnewtonsche Flüssigkeiten (vgl. Kapitel 5.2.2, Seite 59) /4, 9, 47, 48, 71/:

$$\Delta p = \lambda \frac{L}{D} \frac{\rho}{2} \bar{v}^2 \qquad (3.7)$$

und

$$\lambda = \frac{64}{Re} \qquad (3.8)$$

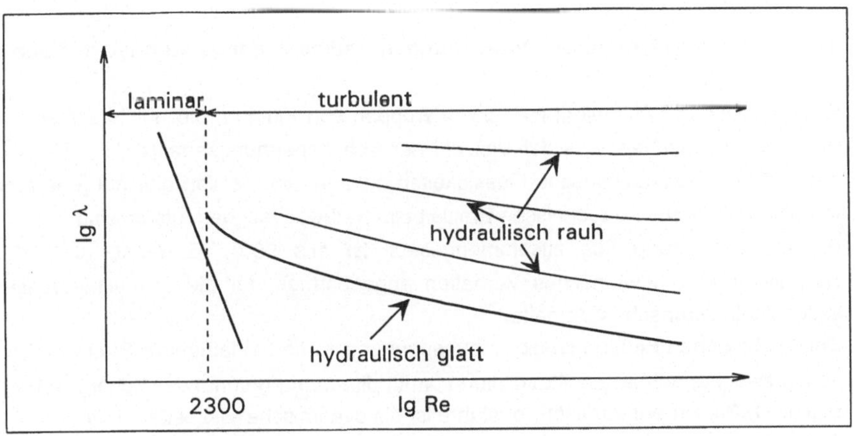

Abb. 6: Moody-Diagramm

Mit dem Widerstandsgesetz nach BLASIUS ergibt sich für hydraulisch glatte Rohre und turbulente Strömungen die Rohrreibungszahl λ zu :

$$\lambda = 0{,}3164 \cdot Re^{-\frac{1}{4}} \qquad (3.9)$$

Das Gesetz nach Blasius ist für den Bereich von $2320 \leq Re \leq 8 \cdot 10^4$ gültig.

Mit dem Widerstandsgesetz nach NIKURADSE ergibt sich für hydraulisch glatte Rohre und stark turbulente Strömungen die Rohrreibungszahl λ zu :

$$\lambda = 0{,}0032 + \frac{0{,}221}{Re^{0{,}237}} \qquad (3.10)$$

Das Gesetz nach Nikuradse ist für den Bereich von $8 \cdot 10^4 \leq Re \leq 10^8$ gültig.

Mit der Näherungsformel von PRANDTL und KÀRMÀN, welche den gesamten turbulenten Bereich annähert, ergibt sich für hydraulisch glatte Rohre die Rohrreibungszahl λ zu :

$$\lambda = 0{,}309 / \left[\lg\left(\frac{Re}{7}\right)\right]^2 \tag{3.11}$$

Die Näherungsformel von Prandtl und Kàrmàn ist für den Bereich von $2320 \leq Re \leq 10^8$ gültig.

3.2.4 Ansätze für die Berechnungsgrundlagen der verwendeten Fluide

Grundsätzlich unterscheidet man zwei Gruppen von Fluiden, die newtonschen und die nichtnewtonschen. Aus der Vielzahl der Schubspannungsansätze, die für newtonsche und nichtnewtonsche Flüssigkeiten bekannt sind, sollen hier nur jene erörtert werden, die für die technische Praxis beim Farbwechsel bedeutsam sind.
Für die Spüllösung, die zusammengesetzt ist aus 90% VE-Wasser und 10% Butylglykol wird newtonsches Verhalten angenommen, für die Versuchs-Wasserlacke nichtnewtonsches Verhalten.
Bei newtonschen Fluiden ist die Schubspannung τ, die bei laminarer Strömung zwischen zwei benachbarten Stromlinien auftritt, direkt proportional der Schergeschwindigkeit D. Die Proportionalitätskonstante ist die dynamische Viskosität η /9/.

Es gilt folgende Beziehung:

$$\tau = \eta \cdot D \tag{3.12}$$

Bei nichtnewtonschen Fluiden ist das Verhältnis von τ/D keine Konstante mehr. Die Viskosität hängt vielmehr je nach Berechnungsansatz von mehreren Faktoren ab. Man unterscheidet bei nichtnewtonschen Flüssigkeiten 3 verschiedene Fließverhalten /9/:

1.) Bingham-Körper
Das Fließgesetz lautet:

$$\tau = \tau_o + \eta \cdot D \tag{3.13}$$

2.) Casson-Körper
Für diese gilt:

$$\sqrt{\tau} = \sqrt{\tau_0} + \sqrt{\eta} \cdot \sqrt{D} \tag{3.14}$$

Die Ansätze für Bingham- und Casson-Körper werden nur zur Vollständigkeit aufgeführt und bleiben im weiteren in dieser Arbeit unberücksichtigt, da keines der im Versuch getesteten Fluide ein solches Viskositätsverhalten (ausgeprägte Fließgrenze) zeigte.

3.) Rein viskose Flüssigkeiten:

Für die rein viskosen Flüssigkeiten insbesondere für Wasserlacke werden die Ansätze von Ostwald und De Waele sowie von Prandtl und Eyring verwendet.

Ansatz nach Ostwald und De Waele

Nach Ostwald und De Waele gilt zur Beschreibung des Fließverhaltens strukturviskoser und dilatanter Fluide folgendes Potenzgesetz /9, 67/:

$$\tau = k \cdot D^n \tag{3.15}$$

mit n: Fließexponent

und k: Konsistenzfaktor

Es gilt folgende Beziehung:

① Substanzen mit n > 1 bezeichnet man als dilatant

② Substanzen mit n < 1 bezeichnet man als strukturviskos

③ Substanzen mit n = 1 sind newtonsche Fluide

Falls n =1 ist, entspricht der Konsistenzfaktor k der Viskosität η; es handelt sich dann um ein newtonsches Fluid (vgl. Beziehung 3.12 und 3.15).

Für die praktische Anwendung des Potenzansatzes sind folgende Hinweise von Bedeutung:

- Mittels eines festen Wertes für den Fließexponent n läßt sich durch den Potenzansatz stets nur ein begrenzter Scherbereich einer realen Fließkurve ausdrücken.
- Die bestmöglichste Annäherung der realen Fließkurve durch den Potenzansatz läßt sich mittels verschiedener Werte des Fließexponenten n erreichen.
- Der Potenzansatz ist eine Interpolationsformel, deren Gültigkeitsgrenzen stets angegeben werden müssen.

Bei Beachtung dieser Hinweise bietet der Potenzansatz eine sehr gute Möglichkeit zur Beschreibung des Fließverhaltens strukturviskoser und dilatanter Flüssigkeiten. Er weist von allen verfügbaren Schubspannungsansätzen die einfachste mathematische Form auf und wird in dieser Arbeit verwendet.

Der Ansatz von Prandtl und Eyring

Aus physikalischen Überlegungen von Prandtl und Eyring über Struktur und Verhalten nichtnewtonscher Flüssigkeiten hat sich der nach diesen Autoren benannte Ansatz ergeben, der zumeist in der folgenden, verkürzten Form verwendet wird /9/:

$$\frac{dv}{dr} = -C_I \cdot \sinh\left(\frac{\tau}{A_I}\right) \tag{3.16}$$

Hierin sind A_I und C_I Stoffgrößen, die von der Temperatur, nicht aber von der Schubspannung abhängen. Es ergibt sich eine Möglichkeit, A_I und C_I physikalisch zu deuten. A_I läßt sich wie die Schubspannung τ als Impulsstromdichte auffassen, d.h. als der je Zeit- und Flächeneinheit von den Fließelementen transportierte Impuls. Während bei τ der Impuls von der Strömungsgeschwindigkeit v herrührt, ist A_I proportional derjenigen Impulsstromdichte, deren Ursache die thermische Bewegung der Fließelemente ist. Das Verhältnis τ/A_I ist dimensionslos. Die Größe C_I hat die Dimension eines Geschwindigkeitsgradienten, also s^{-1}, und läßt sich als die auf die Zeiteinheit bezogene Wahrscheinlichkeit deuten, mit der ein Fließelement auf Grund ihrer thermischen Bewegung ihre ursprüngliche Gleichgewichtslage verläßt und eine andere einnimmt. Für sehr kleine Werte der Schubspannung geht der Ansatz von Prandtl und Eyring in den von Newton über. Entwickelt man die hyperbolische Sinusfunktion $\sinh(\tau/A_I)$ in Reihe gemäß

$$\sinh\left(\frac{\tau}{A_I}\right) = \frac{1}{1!}\frac{\tau}{A_I} + \frac{1}{3!}\left(\frac{\tau}{A_I}\right)^3 + \ldots \tag{3.17}$$

und berücksichtigt allein das erste Glied, so erhält man

$$\frac{dv}{dr} = -\frac{C_I}{A_I} \cdot \tau \qquad \text{bzw.} \qquad \tau = -\frac{A_I}{C_I} \cdot \frac{dv}{dr} \tag{3.18}$$

Dieses ist der Newtonsche Ansatz, wenn man $A_I/C_I = \eta$ setzt (vgl. Beziehung 3.11). Das heißt, daß der Ansatz von Prandtl und Eyring das Verhalten nichtnewtonscher Flüssigkeiten auch im Bereich kleinster Werte des Geschwindigkeitsgradienten richtig wiedergibt. Insofern ist er dem Potenzansatz überlegen. Während mittels des Potenzansatzes jedoch das Reibungsverhalten strukturviskoser und dilatanter Flüssigkeiten mit der oben erwähnten Einschränkung beschrieben werden kann, ist der Ansatz von Prandtl und Eyring allein für strukturviskose Stoffe anwendbar. Sowohl der Potenzansatz als auch der Ansatz von Prandtl und Eyring haben eine obere Gültigkeitsgrenze, die nicht überschritten werden darf (siehe Abbildung 7, Seite 30). Daher hat auch der Prandtl-Eyring Ansatz schließlich nur die Bedeutung einer Näherungsformel. Neben den Stoffgrößen A_I und C_I muß stets die obere Gültigkeitsgrenze angegeben werden. Es sei jedoch erwähnt, daß es mittels der vollständigen Form des Ansatzes sehr wohl gelingt, die gesamte Fließkurve strukturviskoser Stoffe richtig wiederzugeben. Die vollständige Form führt bei der Untersuchung von Strömungs- und Wärmeübergangsproblemen zu einem immens hohen mathematischen

Aufwand und wird aus diesem Grunde kaum verwendet. Darüber hinaus ist es bei technischen Problemen zumeist auch vollkommen ausreichend, wenn die Fließkurve mit dem Potenzansatz mathematisch beschrieben werden kann /9/.

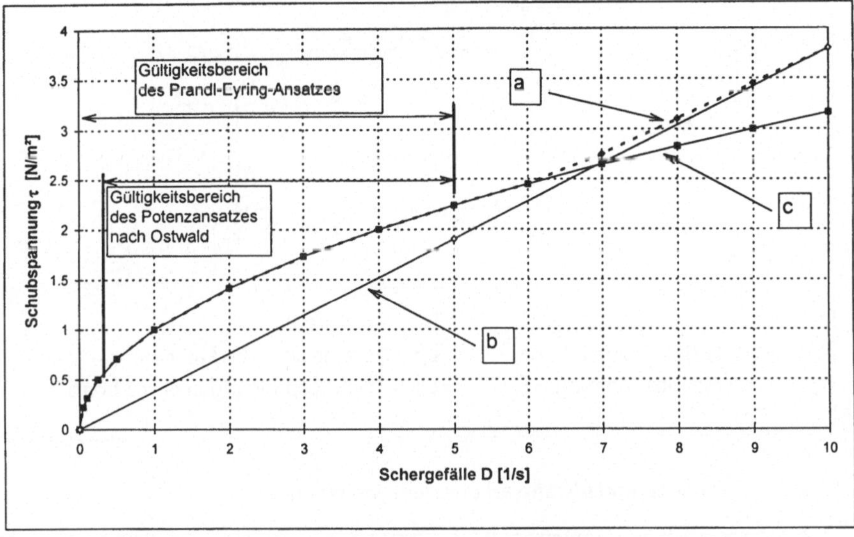

Abb. 7: Gültigkeitsbereiche des Potenzansatzes von Ostwald und des Prandtl-Eyring-Ansatzes mit: **a**: Fließkurve einer strukturviskosen Flüssigkeit
b: Fließkurve für newtonsche Flüssigkeiten
c: Fließkurve nach dem Potenzansatz

3.2.5 Druckverlustberechnung bei einer laminaren Rohrströmung in Abhängigkeit vom Durchfluß

Die Druckverlustberechnung dient als Grundlage für die später durchgeführten Durchfluß- und Andrückversuche. Zur Ableitung der Gleichungen, die den Strömungszustand beschreiben, wird das Gleichgewicht zwischen Druckkräften und Reibungskräften an einem scheibenförmigen Fluidelement bei vollentwickelter, eindimensionaler Rohrströmung betrachtet (siehe Abbildung 8, Seite 38) /4, 9, 18, 67, 80/. In Abbildung 9 auf Seite 38 werden tabellarisch die Beziehungen zwischen dem rheologischen Verhalten (Fließgesetz) und dem Druckverlust dargestellt. Die beiden Ansätze von Hagen-Poiseuille und Ostwald werden in Kapitel 5 durch experimentelle

Untersuchungen überprüft. Gültig sind sie jedoch nur im laminaren Bereich, d.h. wenn die dimensionslose Reynoldszahl nicht über ca. 2300 ansteigt.

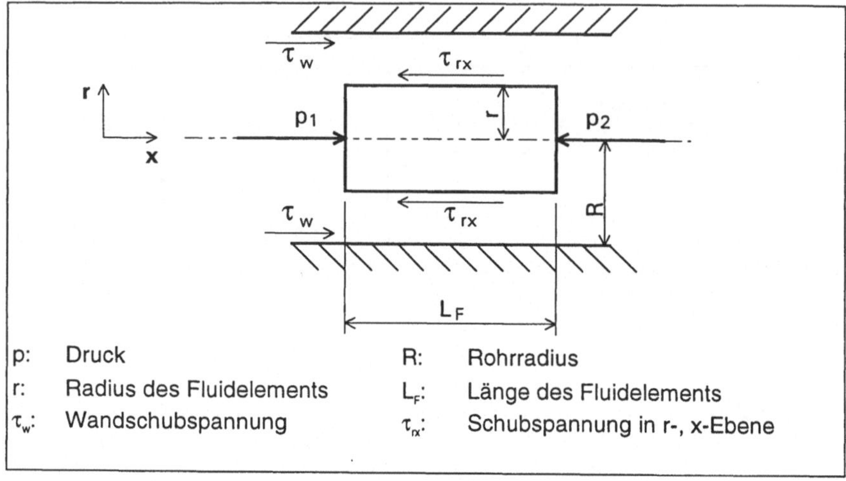

Abb. 8: Angreifende Kräfte an einem Fluidelement /67/

	Newtonsches Fluid	Ostwald - Fluid (strukturviskos/dilatant)
Fließgesetz	$\tau = \eta \cdot D$ Schubspannung τ [Pa]; Schergefälle D [1/s]; α; tan α = η	$\tau = k \cdot D^n$ Schubspannung τ [Pa]; 10 log; k; 0.1, 1, 10, 100, 1000 log; Schergefälle D [1/s]; tan α = n
Druckverlust falls Re < 2320	$\Delta p = \frac{8 L \eta}{\pi R^4} Q$ mit η : dynamische Viskosität	$\Delta p = \left(\frac{Q}{\pi R \frac{3n+1}{n}} \right)^n k \, 2 \, L \left(\frac{3n+1}{n} \right)^n$ mit n: Fließexponent und k: Konsistenzfaktor
Reynoldszahl	$Re = \frac{Q \, d \rho}{A \eta}$	$Re_M = \frac{Q^{2-n} d^n \rho}{\frac{1}{8} A^{2-n} k \left(8 \frac{1+3n}{4n} \right)^n}$

Abb. 9: Übersichtstabelle der Berechnungsansätze /9, 67, 71/

Zur zahlenmäßigen Bestimmung des Fließexponenten n und des Konsistenzfaktors k, welche das Viskositätsverhalten der nichtnewtonschen Fluide (Ostwald-Fluide, strukturviskoses oder dilatantes Fließverhalten) ausdrücken, trägt man die beispielsweise mit einem Rotationsviskosimeter bestimmten Werte τ und dv/dr in ein Diagramm mit logarithmisch geteilten Koordinaten ein, zieht eine Ausgleichsgerade der Meßwerte und liest die Kennwerte an den Koordinatenachsen ab. Es ergibt sich der Exponentenfaktor n als Tangens α, der das Abweichen vom newtonschen Verhalten beschreibt und der Konsistenzfaktor k als Ordinatenwert (Schubspannungs-Achse) am Abszissenwert 1 (Schergefälle-Achse), der die Nullviskosität beschreibt. Eine wesentlich genauere und einfachere Bestimmung der Kennwerte n und k kann z.B. durch eine Potenzfunktion als Annäherungskurve der Fließkurve mit Hilfe eines Tabellenkalkulationsprogramm (Microsoft Excel) erfolgen.

3.2.6 Deutung der verallgemeinerten Definitionsgleichung für die Reynoldszahl Re

Für newtonsche Flüssigkeiten ist die Reynoldszahl als Verhältnis von Trägheitskraft zu Reibungskraft definiert. Dies soll auf die Reynoldszahl für nichtnewtonsche Flüssigkeiten übertragen werden /9/. Die auf die Volumeneinheit bezogene Trägheitskraft F_T ist proportional zu:

$$F_T \sim \frac{\rho \bar{v}^2}{d} \tag{3.19}$$

Und die ebenfalls auf die Volumeneinheit bezogene Reibungskraft F_R ausgedrückt mittels der Wandschubspannung ist proportional zu:

$$F_R \sim \frac{k 8^n \bar{v}^n}{d^{1+n}} \left(\frac{1+3n}{4n} \right)^n \tag{3.20}$$

Das Verhältnis beider Größen liefert die Reynoldszahl:

$$Re_M = \frac{\text{Trägheitskraft}}{\text{Reibungskraft}} = \frac{\bar{v}^{2-n} \rho d^n}{k \left(8 \frac{1+3n}{4n} \right)^n} \tag{3.21}$$

Diese Beziehung unterscheidet sich nur durch den Zahlenwert "1/8" mit der Reynoldszahl von Metzner und Reed, die sich aus der Definition eines allgemeinen Widerstandgesetzes für newtonsche und nichtnewtonsche Fluide ergibt. Die Deutung der Reynoldszahl als Verhältnis von Trägheits- zu Reibungskraft führt also zu der gleichen Definitionsgleichung und läßt sich als kritische Reynoldszahl zur Berechnung für Ostwald-Fluide wie folgt beschreiben /9/:

$$Re_{M,kr} = 885 \frac{8n}{(1+3n)^2} (2+n)^{\frac{2+n}{1+n}} \tag{3.22}$$

Zur Durchführung eines Farbwechsels, der auf den rheologischen und strömungsdynamischen Grundlagen basiert, wird im folgenden ein Prüfstand vorgestellt, der so modular aufgebaut ist, daß an ihm jedes beliebig komplizierte Farbwechselsystem nachgebildet, angesteuert und meßtechnisch ausgewertet werden kann. An diesem Prüfstand können dann hinsichtlich Dimensionierung und Simulation sowohl Einzelkomponenten als auch ganze farbwechselrelevante Lackversorgungssysteme auf Druckverluste und auf ihre Spülqualität untersucht werden.

Die Lackversorgungskomponenten, die zur Handhabung von Lack, Spülmittel oder Druckluft benötigt werden, sind Bestandteil des Prüfstandes. Zur Untersuchung der Farbwechselvorgänge stehen folgende Komponenten zur Verfügung:

- Lackpumpe (SPS gesteuert)
- Farbwechselblock (pneumatisch gesteuert)
- Zerstäuberpistole (pneumatisch gesteuert)
- Rückführventil (pneumatisch gesteuert)
- Magnetventile für die Steuerluft aller pneumatischen Funktionsventile

Zur Installation eines Gesamtfarbwechselsystems werden noch die Komponenten: Druckbehälter (für Lack und Spülmittel), Druckregler (für Lack), Druckminderer (für Luft), Filter (für Lack und Spülmittel), Sammelbehälter (Entsorgung), Schlauch (Innendurchmesser von z.B. 4 mm, 6 mm, 9 mm) und Fittings (Übergänge konisch angepaßt) benötigt.

Mit einem neuen Leitfähigkeitssensor für die Konzentrationsmessung und geeigneten Meßzellen für Druck, Durchfluß und Temperatur werden die Farbwechselabläufe erfaßt. Dazu werden die Daten der verschiedenen Sensoren in einem vorgegebenen Zeittakt abgefragt und in einem Datenaustauschformat gespeichert, so daß sie z.B. mit einem Tabellenkalkulationsprogramm bearbeitet werden können.

Der Farbwechselprüfstand läßt sich in drei verschiedene Bereiche unterteilen, die in Abbildung 10 auf Seite 41 schematisch dargestellt sind /4/. Bereich 1 umfaßt die Druckbehälter für die Lack- und Spülmittelversorgung sowie den Rückführ- bzw. Sammelbehälter. Bereich 2 beinhaltet die Schaltschränke für die Pneumatik und die Stromversorgung sowie den eigentlichen Versuchsaufbau. Im Bereich 3 befindet sich die Anzeige-, Auswerte-, und Steuerungselektronik sowie die SPS einer Leistungseinheit, welche den Antrieb der Pumpe darstellt.

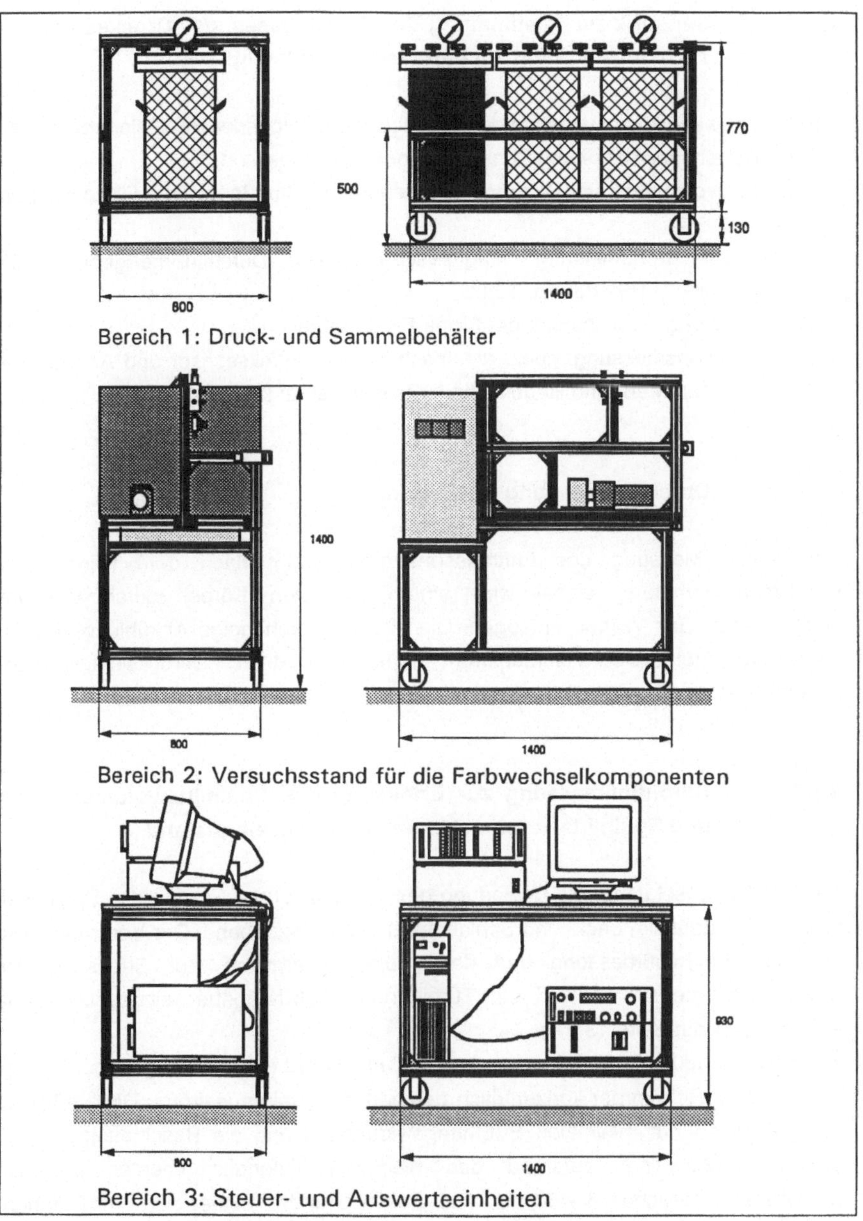

Abb. 10: Teilbereiche des Farbwechselprüfstands

4.1 Sensorik zur Bestimmung des Durchflusses, des Druckes und der Farbkonzentration am Farbwechselprüfstand

Für die Farbwechselversuche werden die Meßgeräte folgender Hersteller verwendet:

- Luftvolumenstrommessung: Sensyflow der Firma Sensycon.
- Spülmittelvolumenstrommessung: Turbinendurchflußmeßgeber der Firma Küppers Typ HM 3 E/4.
- Lackvolumenstrommessung: Magnetisch-induktiver Durchflußmeßgeber (MID) des Typs MG 711/F2 der Fa. Turbo.
- Druckmessung: Drucksensor der Firma FHM Meßtechnik.
- Konzentrationsmessung: spez. elektrischer Leitfähigkeitssensor und Armatur der Firma D. Haaf Meß- und Regeltechnik (Zellkonstante: $k_L = 0{,}06$).

4.1.1 Durchflußmessung der Druckluft

Die direkte Messung des Luftmassenstroms erfolgt nach dem Prinzip des Heißfilmanemometers. Dabei wird einem beheizten Körper durch das ihn umströmende Gas Wärme entzogen. Die strömungsabhängige Abkühlung wird als Meßeffekt genutzt. Den Volumenstrom erhält man durch Berücksichtigung der Normdichte des Gases.

4.1.2 Durchflußmessung zur Erfassung des Spülmittelvolumenstroms und Spülmittelverbrauchs am Farbwechselprüfstand

Beim Farbwechsel ist für die Bewertung der Spülqualität die Angabe des Spülmittelverbrauchs (Bauteile, Lack- und Schlauchart) ausschlaggebend. Der Verbrauch wird aus der Durchflußmessung und der Spüldauer ermittelt. Zur Erfassung des Spülmittelvolumenstroms wird ein Turbinendurchflußmeßgeber eingesetzt (siehe Abbildung 11 auf Seite 43) /73/.

Beim Turbinendurchflußmeßgeber wird ein Turbinenrad (Geber) mit geringer Masse, das in einem Rohrkörper konzentrisch gelagert ist, axial angeströmt. Die Meßgeber besitzen einen nur minimalen Strömungswiderstand und die Beschleunigungszeit des Laufrades liegt aufgrund des niedrigen Trägheitsmomentes je nach Durchmesser zwischen 5 - 50 ms. Aus diesen Gründen eignet sich der Turbinendurchflußmeßgeber auch zur Messung des Spülmittelflusses bei pulsierender Strömung.

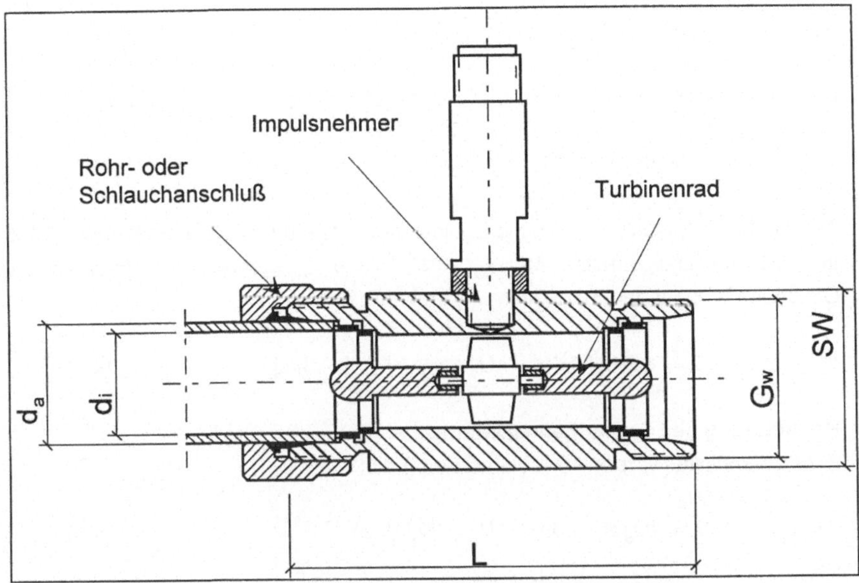

Abb. 11: Turbinendurchflußmeßgeber HM 3 E/4

Durch den nichtmagnetischen Rohrkörper hindurch wird die Drehzahl des Turbinenrades über einen induktiven Aufnehmer gemessen. Jeder Schaufeldurchgang induziert in der Aufnehmerspule einen Spannungsimpuls. Setzt man die Anzahl der Impulse ins Verhältnis zum Volumen bzw. die Impulsfrequenz f_Q [Imp/s] ins Verhältnis zum momentanen Durchfluß Q_s [l/s], erhält man einen Faktor K, welcher wegen hydraulischer Verluste nicht konstant, sondern durchflußabhängig ist:

$$f_Q / Q_s = K(Q_s) \qquad [\text{Imp/l}] \qquad (4.1)$$

Aus dem Kalibrierprotokoll der Meßzelle kann der mittlere K-Faktor für Wasser entnommen werden. Das gleiche gilt für den Meßbereich und die maximale Impulsfrequenz f_{max} für den höchsten meßbaren Durchfluß /73/. Da die kinematische Viskosität der Spüllösung um ca. 20% von der des Wassers abweicht, muß der mittlere K-Faktor für das Spülmittel experimentell ermittelt werden. Dazu wird für unterschiedliche Durchflüsse im Meßbereich der jeweilige K-Faktor ermittelt und dann deren Mittelwert gebildet. Ein Trägerimpuls-Frequenzverstärker wandelt die Impulsfrequenz in eine analoge Spannung U_Q um. Diese Spannung, die einen Wert zwischen 0 - 10 V annehmen kann, wird in einem vorgegebenen Zeittakt erfaßt und abgespeichert.

Es gilt: $f_Q / f_{max} = U_Q / U_{max}$ (4.2)

Aus den Gleichungen (4.1) und (4.2) folgt für den momentanen Durchfluß:

$$Q_S = \{f_{max} / (K * U_{max})\} * U_Q \qquad [l/s] \qquad (4.3)$$

Für das beim Versuch eingesetzte Spülmittel wurde ein mittlerer K-Faktor von 25353 Impulsen pro Liter ermittelt. Mit U_{max} = 10 V und f_{max} = 1498,9 Hz ergibt sich aus Gleichung (4.3) für den momentanen Durchfluß:

$$Q_S = 5{,}9121 * 10^{-3} * U_Q \qquad [l/s] \qquad (4.4)$$

Bestimmung des Spülmittelverbrauchs

Für den Spülmittelverbrauch (Volumen V [l]) gilt:

$$V = \int Q_S \, dt \quad \text{oder} \quad V = \overline{Q}_S * \Delta t \qquad (4.5)$$

$\overline{Q}_S$ ist hier der mittlere Durchfluß im Zeitraum Δt.
$\overline{Q}_S$ erhält man aus Gl. (4.4), indem für U_Q der Mittelwert $\overline{U}_Q(t_{1,2})$ der im Zeitraum t_1 bis t_2 gespeicherten Durchflußdaten U_Q eingesetzt wird.
Mit $\Delta t = t_2 - t_1$ folgt aus den Gl. (4.4) und (4.5) für den Spülmittelverbrauch:

$$V(t) = 5{,}9121 * 10^{-3} * \overline{U}_Q(t_{1,2}) * (t_2 - t_1) \quad [l] \qquad (4.6)$$

4.1.3 Durchflußmessung zur Erfassung des Wasserlackvolumenstroms

Zur Erfassung des Lack-Volumenstroms wird ein magnetisch-induktiver Durchflußmeßgeber (MID) eingesetzt. MIDs sind zur Durchflußmessung fast aller Flüssigkeiten (auch von Schlämmen, Breien und Pasten) geeignet. Voraussetzung ist eine Mindestleitfähigkeit von 1 µS/cm (Wasserlacke > 500 µS/cm) /72/. MIDs basieren auf dem Faradayschen Induktionsprinzip. In einem durch ein Magnetfeld bewegten Leiter wird eine elektrische Spannung induziert. Das Magnetfeld wird durch Spulen im Aufnehmer erzeugt. Es breitet sich in der Rohrleitung aus. Das fließende Medium (als bewegter Leiter) erzeugt im Magnetfeld eine der Geschwindigkeit proportionale Spannung, die an den Elektroden des Aufnehmers gemessen wird.

$$U_M = B \cdot v \cdot d \qquad (4.7)$$

Die Vorteile des magnetisch-induktiven-Durchflußmeßprinzips sind:

- glatter Durchgang im Meßrohr ohne Querschnittsverengung, daher geringer Druckverlust,
- kein Einfluß von Viskosität, Druck, Temperatur, Dichte auf das Meßergebnis,
- keine beweglichen Teile, daher verschleißfrei,
- kein Einfluß der Leitfähigkeit des Mediums oberhalb der Mindestleitfähigkeit,
- lineares Meßsignal, großer Meßbereich,
- geeignet für alle Durchflußrichtungen.

4.1.4 Druckmessung am Farbwechselprüfstand

Die Druckmessung erfolgt mit Hilfe eines piezoresistiven Meßwandlers. Die Armatur ist durchgehend gefertigt, um Lackreste vollständig ausspülen zu können (siehe Abbildung 12).

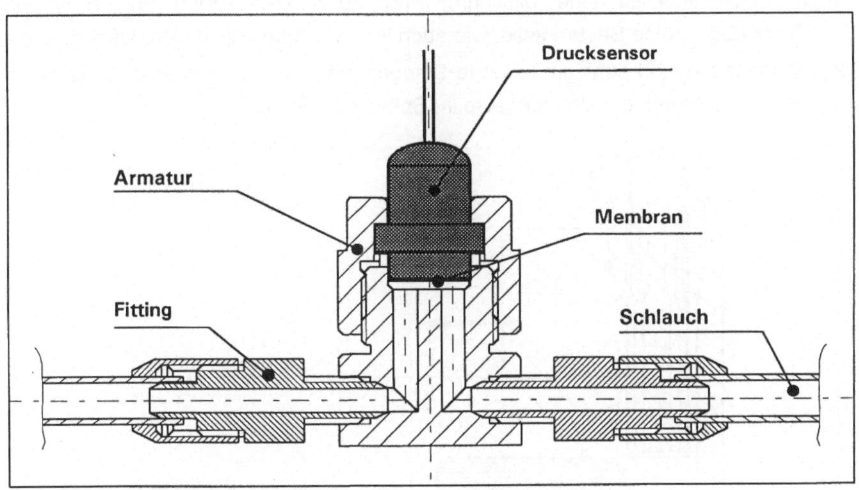

Abb. 12: Druckmessung mit spülbarer Armatur

Wichtig ist die Kalibrierung des Meßumformers über zwei Potentiometer (LO Calibration⇨0 bar, HI Calibration⇨10 bar), um ein Driften des Ausgangssignals zu verhindern. Durch diese Maßnahme ist eine Gesamtabweichung bei Drücken zwischen 1-10 bar unter 1% zu erreichen.

4.1.5 Konzentrationsmessung am Farbwechselprüfstand

Im folgenden wird der Leitfähigkeitssensor zur Konzentrationsbestimmung von Spülmittel-Wasserlackgemischen vorgestellt, mit dem on-line exakte und reproduzierbare Meßwerte zu erreichen sind (siehe Abb. 13). Dieses Meßprinzip beruht auf der konduktometrischen Konzentrationsbestimmung, bei der über die spezifische elektrische Leitfähigkeit der Grad der Lackverunreinigung des Spülmittels bestimmt wird.

Die methodischen Voraussetzungen einer konduktometrischen Konzentrationsbestimmung sind:

- geringe Eigenleitfähigkeit des reinen Mediums,
- Ionencharakter der Verunreinigung.

Beide Voraussetzungen sind für die Spülversuche (siehe Kap. 6) erfüllt:

1. Das Spülmittel ist eine Mischung aus VE-Wasser (H_2O) und Butylglykol ($C_6H_{14}O_2$). Beide Bestandteile, wie auch ihre Mischung, sind nicht leitend.
2. Wasserlacke sind sehr gut leitende Dispersionen, welche aus einer Vielzahl von Stoffen bestehen, die sich teilweise im Spülmittel lösen.

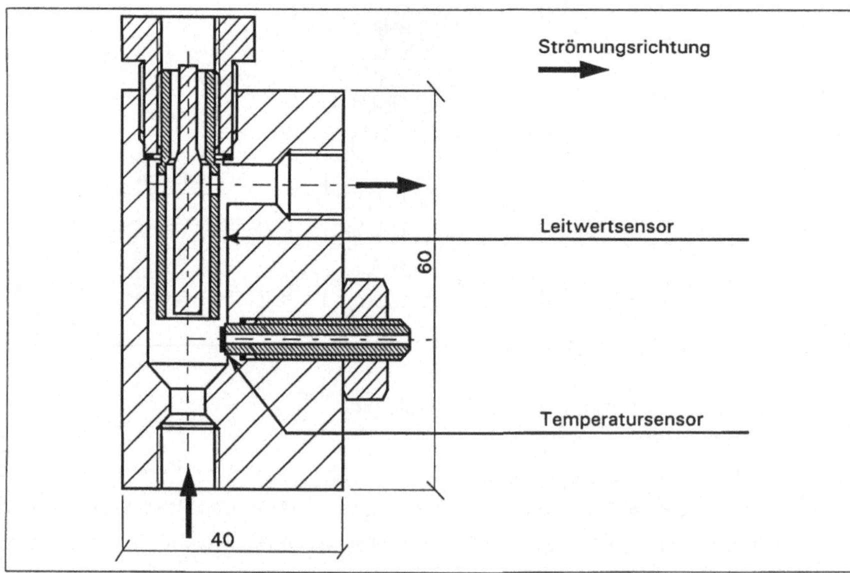

Abb. 13: Armatur mit Leitwertmeßzelle und Temperatursensor

Verunreinigungen, welche Ladungsträger in ein reines Medium einbringen, erhöhen dessen Leitfähigkeit. Die Meßzelle kann aber nur einen Widerstand R bzw. einen Leitwert G messen. Zur Erfassung des Meßwertes wird der ermittelte Leitwert G [µS] durch einen Leitwertmeßumformer in eine analoge A/D-Spannung U_{LW} von -10 V bis +10 V umgewandelt. Für die Kennlinie des Leitwertmeßumformers gilt:

$$G = 531{,}4 * U_{LW} + 5311 \quad [\mu S] \qquad (4.8)$$

Die Berechnung der elektrischen Leitfähigkeit über die Beziehung (k_L = 0,06 [1/cm]):

$$\kappa = G * k_L \quad [\mu S/cm] \qquad (4.9)$$

4.2 Versuchsaufbau zur Messung und Überprüfung der Farbwechsel- und Spülvorgänge

Um für die Auswertung vergleichbare Meßwerte zu erhalten, ist es erforderlich die Sensoren an definierten Meßstellen zu installierten. In Abbildung 14 auf Seite 48 wird schematisch der Versuchsaufbau zur Bestimmung der fluidabhängigen (Spülmittel, Wasserlack) Druckverlustkennlinien bei Schläuchen und Farbwechselkomponenten sowie der Spülqualität dargestellt.

Bei den Versuchen zur Überprüfung der Druckverluste an Schlauchleitungen wird die Leitungslänge L_x der hier verwendeten Teflon-Schläuche mit 5 m definiert. Diese Länge (Stichleitungslänge) wird auch für den Lacktransport vom Farbwechselblock (außerhalb der Lackierkabine) zum Zerstäuber (innerhalb der Lackieranlage) benötigt. Die Schlauchdurchmesser (innen x außen) 4x6 mm und 6x8 mm sind anlagentypisch. Die Kennlinien der verschiedenen Fluide werden in Kapitel 5 in einem Δp-Q-Diagramm dargestellt (Druckverlust in Abhängigkeit des Durchflusses).
Da der Druckabfall in einem Rohr mit konstantem Querschnitt proportional zur Rohrlänge ist, wird insbesondere darauf geachtet, daß die Schlauchlänge L_x (5 m) nicht verändert wird. Außerdem ist bei diesen Versuchen wichtig, daß kein weiterer Strömungswiderstand (Bauelement) hinter dem Drucksensor 1 eingebaut ist, da sonst die Druckverluste verfälscht werden.

Bei den Differenzdruckmessungen an den Bauteilen FKx wird aufgrund des Meßverfahrens sowie der Reproduzierbarkeit der Armaturdruckverlust der Sensoren mitgemessen. Da der auftretende Fehler aber durch eine nötige Annäherungskurve zu groß würde, wird darauf verzichtet. Es wird also darauf hingewiesen, daß in den nachfolgenden Vergleichsdiagrammen (siehe Kap. 5) nur der qualitative Verlauf beschrieben wird, wobei die Differenzdrücke zwischen den jeweiligen Bauteilen absolute Unterschiede sind.

Für die Untersuchung von Spülvorgängen sind eine Meßzelle für den Spülmitteldurchfluß, ein Farbwechselblock und die Sensoren für die Leitwert- und Temperaturmessung installiert. Zwischen dem Farbwechselblock und den Sensoren wird ein 1 m langes Schlauchstück mit einem Innendurchmesser von 4 mm eingesetzt. Dadurch werden Meßwertänderungen schnell, reproduzierbar und hochauflösend erfaßt. Vom Sensor führt dann ein 1,3 m langer Schlauch in den Rückführ- bzw. Sammelbehälter.

Mit diesem einfachen System kann die Meßtechnik sinnvoll erprobt, die Spülbarkeit einzelner Komponenten verglichen und der Einfluß des Spülprogramms sowie des Drucks auf den Spülmittelverbrauch und die Spüldauer untersucht werden.

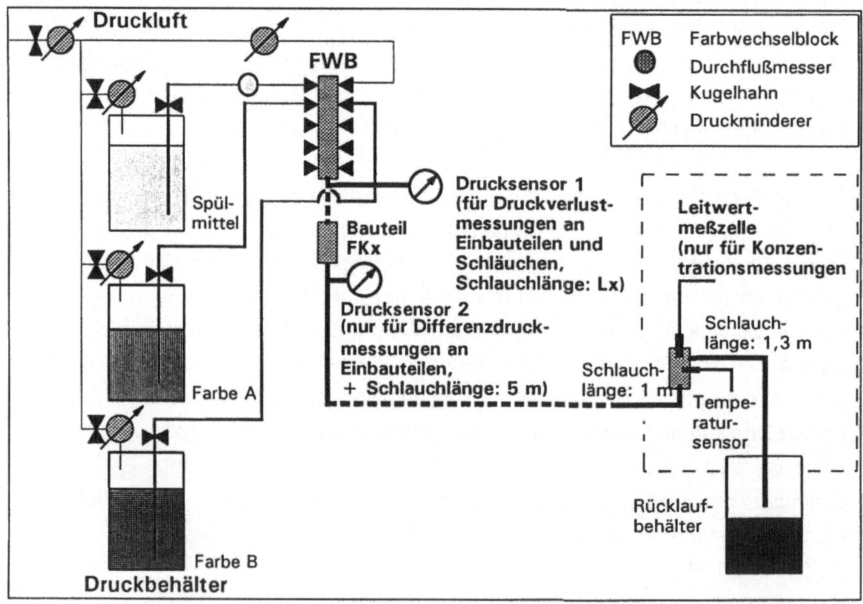

Abb. 14: Schematische Darstellung des Versuchsaufbaus zur Messung und Überprüfung der Farbwechsel- und Spülvorgänge

4.3 Das Farbwechselsteuerungssystem

Der folgende Teil konzentriert sich auf die Programmierung einer flexiblen Steuerung für den Prüfstand auf PC-Basis. Mit diesem Programm soll jedes im Prüfstand verwendete Element dargestellt und beschrieben werden können. Die Steuerung, die Meßwerterfassung und -auswertung soll sich problemlos an eine Änderung des Prüfstandes anpassen lassen. Weiterführend soll diese Software als Grundlage eines Simulationsprogramms für den Farbwechselvorgang dienen. Für ein anwenderorientiertes Programm unter Windows sind folgende Grundanforderungen wichtig:

- Arbeiten mit einer graphischen Oberfläche;
- beliebige Implementierung der Funktions- und Meßtechnikelemente;
- Generierung eines Anschlußprotokolls für die digitalen und analogen Ein- und Ausgänge der Ventil- und Meßtechnikanschlüsse;
- Möglichkeit zum Laden und Speichern eines Funktionsschemas und einer Zeitsteuertabelle (Farbwechselablaufprogramm);
- Algorithmus zum Ansteuern der verwendeten Funktionselemente gemäß der vorgegebenen Steuertabelle;
- Berücksichtigung der Tot- bzw. Verzögerungszeit der Ventile im Steueralgorithmus;

4.3.1 Die Elemente des Farbwechselsteuerungssystems

Die Elemente des Farbwechselsteuerungssystems werden nach Funktion und Aufgabe in Funktionselemente und Meßtechnikelemente eingeteilt. Als Funktionselemente werden die Elemente bezeichnet, die als Applikationsbauteil im Prüfstand existieren und zur Handhabung von Spülmittel, Farbe oder Druckluft beitragen. Bei den Funktionselementen werden 2 Arten unterschieden.
Zeitabhängige Funktionselemente sind diejenigen, deren Parameter sich in einem Farbwechselzyklus in Abhängigkeit der Zeit mindestens einmal ändern. Sie sind für die Ansteuerung des Farbwechsels wichtig. Es sind die Funktionsventile (Magnetventile), die Zerstäuberpistole, der Farbwechselblock FWB und die Lackpumpe, die über eine speicherprogrammierbare Steuerung SPS angesteuert wird.
Zeitunabhängige Funktionselemente sind die Elemente, deren Parameter über den gesamten Farbwechselzyklus hinweg konstant bleiben. Diese statische Funktionselemente sind hier: Schlauch, Verbindungsstück (T-Stück; z.B. für Pumpenbypass), Druckbehälter (für Lösemittel, Rücklauf, Luft und Farbe), Druckregler, Druckminderer und Farbfilter.

Als Meßtechnikelemente werden diejenigen Elemente bezeichnet, die zur Meßwerterfassung von Daten während eines Farbwechselablaufes beitragen. Dies sind Elemente zur Messung von: Druck, Durchfluß, Temperatur und Konzentration.

4.3.2 Die Struktur des Farbwechselsteuerungssystems

Das anzusteuernde Farbwechselsystem wird mit seinen einzelnen Funktions- und Meßtechnikelementen als Funktionsschema im graphischen Editor erstellt und initialisiert. Änderungen im Systemaufbau sowie in der Art und Anzahl der eingesetzten Elemente sind hierbei jederzeit möglich. Auch die digitalen und analogen Ein- und Ausgänge einzelner Elemente werden hierbei dem System mitgeteilt. Anschließend werden die Einstellungen jedes einzelnen zeitabhängigen Elements in einer gerasterten Steuertabelle (Farbwechselablaufprogramm) für jeden Takt eingestellt und dokumentiert (siehe Abb. 15).

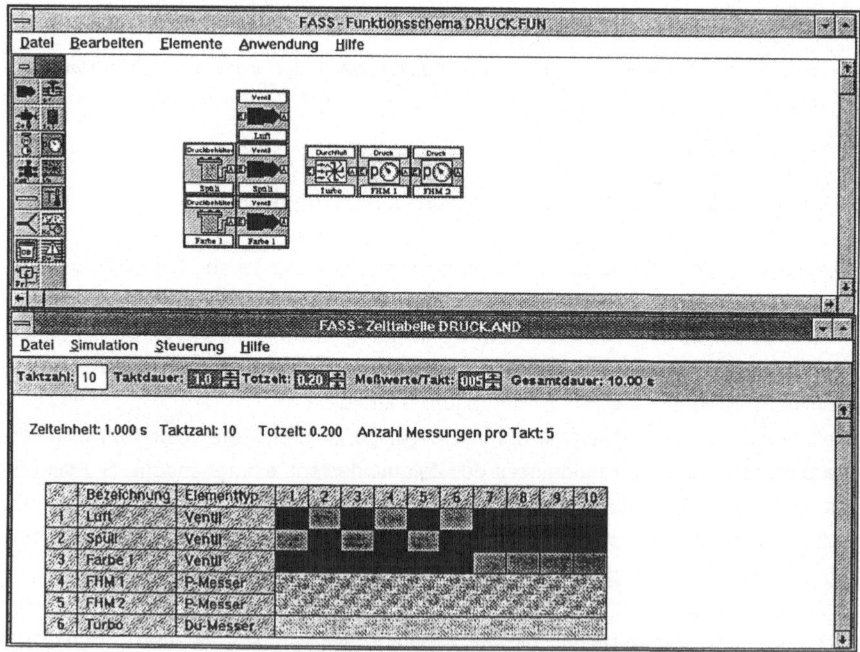

Abb. 15: Farbwechselfunktionsschema im graghischen Editor und generierte Steuertabelle für Funktions- und Meßtechnikelemente

Anhand des Funktionsschemas und der Steuertabelle wird ein Steuerfile generiert und der Prüfstand kann angesteuert werden. Eine Excel-Schnittstelle erlaubt die anschauliche Darstellung und Dokumentation des Meßprotokolls für den jeweiligen Farbwechselversuch /36, 37/..

4.4 Der Funktionsumfang des Farbwechselsteuerungssystems für den Betrieb des Prüfstands

In Anlehnung an Kapitel 4.3 wird der erforderliche Umfang des Farbwechselsteuerungssystems mit folgenden Funktionensmöglichkeiten programmiert:

- Erstellung eines Funktionsschemas durch Visualisierung der generierten Funktions- und Meßtechnikelemente und einfaches Aufrufen verschiedener Funktionsschemata;
- Generierung einer Steuertabelle aus einem Funktionsschema heraus, bestehend aus allen zeitrelevanten Elementen des Funktionsschemas mit der Einstellmöglichkeit hinsichtlich der Anzahl der Schalttakte, aus der die Tabelle besteht und der Zeitdauer eines Schalttaktes;
- Separate Einstellmöglichkeit der Schaltzustände für jedes einzelne zeitrelevante Element für jeden Schalttakt sowie die Einstellmöglichkeit einer sogenannten Totzeitdauer zwischen 2 Schalttakten (Die Totzeit verhindert ein sich zeitlich überlappendes Schaltverhalten zwischen 2 Schalttakten);
- Einfaches Aufrufen verschiedener Steuertabellen zu einem Funktionsschema;
- Taktweise Ansteuerung der Funktionsventile und der Pumpe gemäß der vorgegebenen Steuertabelle;
- Aufnahme von Meßwerten aus einer im Funktionsschema festgelegten Anzahl von generierten Meßelementen und Einstellmöglichkeit der Anzahl aufzunehmender Meßwerte pro Schalttakt und Meßelement in der Steuertabelle;
- Möglichkeit zum Laden und Abspeichern des Funktionsschemas und der Steuertabelle;
- Einbau eines Anschlußprotokolls zur Dokumentation der Belegung der digitalen und analogen Ein- bzw. Ausgänge. Hierdurch soll eine fehlerhafte Anschlußbelegung ausgeschlossen werden;
- Abspeichern der aufgenommenen Meßwerte in einer ASCII-formatierten Datei zum Einlesen in die MS-Excel Anwendung;

Mit Hilfe dieser Farbwechselsteuerung und dem Prüfstand können nun durch Versuche Regeln und Gesetzmäßigkeiten abgeleitet werden, die eine Simulation und Optimierung des automatischen Farbwechsels erzielen.

5 Experimentelle Untersuchungen zur Farbwechseltechnik und Übertragung der Berechnungsansätze für Druckverluste

In den nachfolgenden Kapiteln werden die Durchführung und die Ergebnisse der Druckverlustversuche beschrieben. Dies sind insbesondere die

- Viskositätsbestimmung der Wasserbasis-Versuchslacke, die
- Übertragung des Berechnungsansatzes für Druckverluste bei newtonschen Fluiden, die
- Übertragung des Berechnungsansatzes für Druckverluste bei nichtnewtonschen Fluiden (Ostwald-Fluide) und die
- experimentelle Druckverlustbestimmung an Bauelementen der Farbwechseltechnik.

5.1 Bestimmung des Viskositätsverhalten der Wasserbasislacke

Das Viskositätsverhalten der Versuchslacke (Metallic-silber und Uni-blau) wird mit dem Rotovisko RV3 der Firma Haake, Meßsystem (MV1) und Meßkopf (DMK500) ermittelt.

Da das rheologische Verhalten der für den Versuch bereitstehenden Lacke stark von der Temperatur abhängig ist, werden von den zwei zur Verfügung stehenden Wasserbasislacken Fließ- und Viskositätskurven in Abhängigkeit von vier verschiedenen Temperaturen nach zwanzigminütiger, konstanter Temperierung aufgenommen.

Die Temperatur wird direkt im Lack gemessen. Die Temperaturabhängigkeit der rheologischen Parameter (η bzw. n und k, vgl. Kapitel 3.2.4) läßt sich durch folgende allgemeine Beziehungen beschreiben /7/:

$$\eta(T) = \eta_0(T_0)e^{(-C\cdot T)} \tag{5.1}$$

$$k(T) = k_0(T_0)e^{(-C'\cdot T)} \tag{5.2}$$

$$n(T) = n_0(T_0) + C'' \cdot T \tag{5.3}$$

Viskositätsverhalten vom Wasserbasis-Versuchslack: Metallic-silber

In Abbildung 16 auf Seite 53 wird das Viskositätsverhalten in Abhängigkeit der Schubspannung (Scherung) und der Temperatur des Wasserbasis-Versuchslacks Metallic-silber dargestellt. Durch die Abnahme der Viskosität mit Erhöhung der Schubspannung zeigt sich deutlich das nichtnewtonsche Fließverhalten des Wasserlacks.

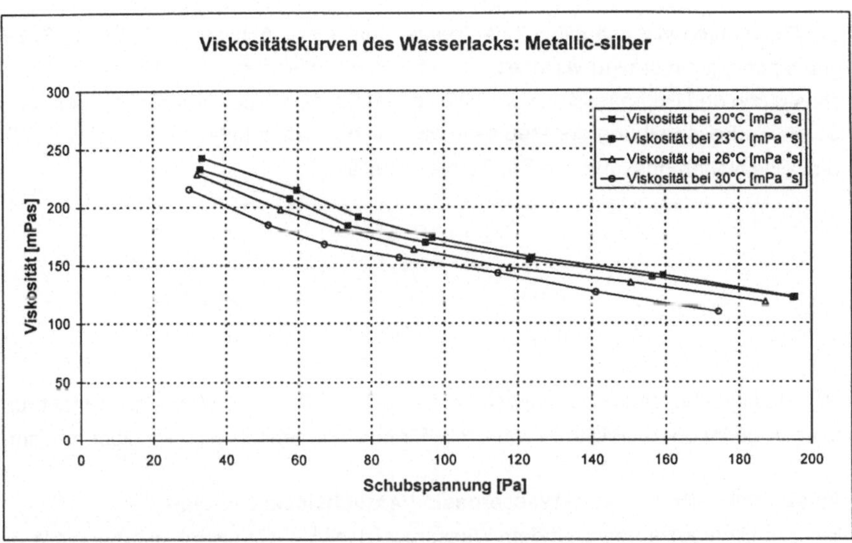

Abb. 16: Viskositätskurven des Wasserbasis-Versuchslacks Metallic-silber bei verschiedenen Temperaturen

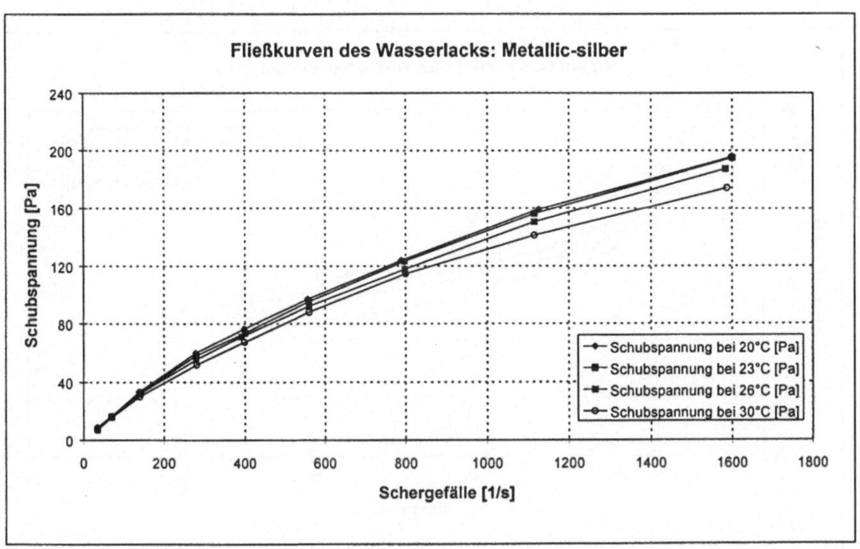

Abb. 17: Fließkurven des Wasserbasis-Versuchslacks Metallic-silber bei verschiedenen Temperaturen

Die Fließkurven in Abhängigkeit der Temperatur (siehe Abbildung 17, Seite 53) zeigen eindeutig ein strukturviskoses Verhalten des Wasserlacks (vgl. Kapitel 3.1), welches durch den Potenzansatz von Ostwald und De Waele beschrieben werden kann. Durch die Beschreibung der Meßwerte als Potenzfunktion mit $y = a*x^b$ (vgl. $\tau = k*D^n$) wird eine Näherungskurve der Fließkurven ermittelt.

1. $20°C \Rightarrow y = 1{,}2579x^{0{,}6866}$ $\quad R^2 = 0{,}9993$
2. $23°C \Rightarrow y = 1{,}0794x^{0{,}7069}$ $\quad R^2 = 0{,}9991$
3. $26°C \Rightarrow y = 1{,}0378x^{0{,}7074}$ $\quad R^2 = 0{,}9994$
4. $30°C \Rightarrow y = 0{,}9774x^{0{,}7077}$ $\quad R^2 = 0.9972$

Das Bestimmtheitsmaß der Kurven ist $R^2 > 0{,}9970$. D. h., es wird eine Annäherung mit der geringen Abweichung von 0,3 % für den Wasserlack Metallic-silber erreicht.

Viskositätsverhalten vom Wasserbasis-Versuchslack: Uni-blau

Bei den Untersuchungen mit dem Wasserbasislack Uni-blau zeigt sich ebenfalls ein strukturviskoses Fließverhalten (siehe Abbildung 18 und 19). Der angenäherte Konsistenzfaktor k ist jedoch geringer als beim Wasserbasislack Metallic-silber; dies läßt auf eine niedere Viskosität des Uni-blau-Lackes schließen (siehe Seite 55).

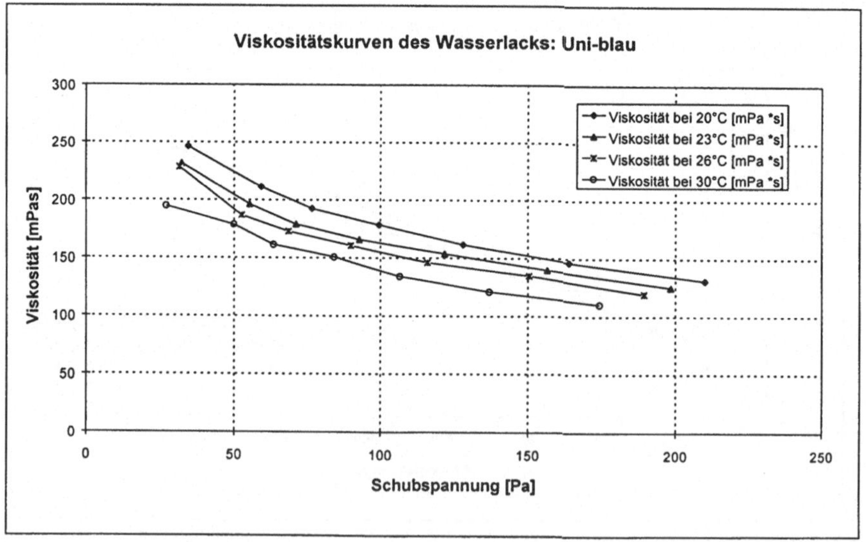

Abb. 18: Viskositätskurven des Wasserbasis-Versuchslacks Uni-blau bei verschiedenen Temperaturen

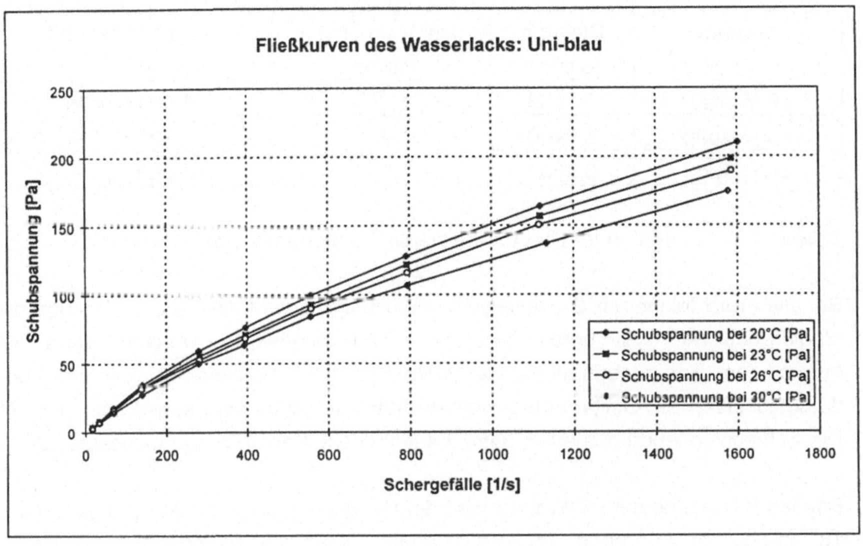

Abb. 19: Fließkurven des Wasserbasis-Versuchslacks Uni-blau bei verschiedenen Temperaturen

Die Fließkurven des Wasserbasis- Versuchslacks Uni-blau werden mit der Potenzfunktion wie folgt beschrieben.

1. $20°C \Rightarrow y = 0{,}9827x^{0{,}7284}$ $\quad R^2 = 0{,}9997$
2. $23°C \Rightarrow y = 0{,}8207x^{0{,}7468}$ $\quad R^2 = 0{,}9995$
3. $26°C \Rightarrow y = 0{,}7903x^{0{,}7461}$ $\quad R^2 = 0{,}9993$
4. $30°C \Rightarrow y = 0{,}7112x^{0{,}7536}$ $\quad R^2 = 0{,}9983$

5.2 Vergleich der Berechnungs- und Meßwerte für Druckverluste bei den newtonschen Fluiden des Spülmittelgemisches

Die Spüllösung ist ein Gemisch aus VE-Wasser und Butylglykol im Verhältnis 10:1. Unter Anwendung des Hagen-Poiseuilleschen Gesetzes werden die drei Druckverlustkennlinien der verschiedenen Flüssigkeiten (Spülmittel, VE-Wasser, Butylglykol) in Schlauchleitungen überprüft. Die rheologischen Stoffwerte, welche für die Berechnung der Übergänge von laminarer nach turbulenter Strömung und den daraus resultierenden Druckverlusten von entscheidender Bedeutung sind, werden in Tabelle 1 auf Seite 56 aufgeführt. Die Daten beziehen sich auf 20°C.

Medium	Dichte ρ [g/cm³]	dyn. Viskosität η [mPas]	kinemat. Viskosität ν [m²/s]
VE-Wasser	0,9983	1,003	$1{,}004 \cdot 10^{-6}$
Spüllösung	0,9900	1,210	$1{,}222 \cdot 10^{-6}$
Butylglykol	0,9009	3,300	$3{,}663 \cdot 10^{-6}$

Tabelle 1: Stoffdaten für Druckverlustversuche für newtonsche Fluide /4/

Bei allen nachfolgenden Druckverlustuntersuchungen wird die Durchflußmenge der Medien über den Systemdruck im Druckbehälter geregelt. Die Durchflußwerte werden mit dem Turbinendurchflußgeber (siehe Kap. 4.1.2 auf Seite 42) gemessen und durch zusätzliches Auslitern (abgewogene Ausbringmenge pro Zeiteinheit) überprüft. Der Schlauchinnendurchmesser beträgt 4 mm (siehe Kap. 4.2 - Versuchsaufbau).

Bei den Versuchen mit VE-Wasser wird der Behälterdruck zwischen 0,1 und 5 bar in 18 Schritten hochgeregelt, um möglichst viele Meßpunkte zu erhalten. Der Druckverlust bei der Schlauchlänge von 5 m liegt bei einem Durchfluß von ca. 380 ml/min nur bei ca. 0,07 bar. Oberhalb eines Durchflusses von 300 ml/min "schlägt" die Strömung schon in den turbulenten Übergangsbereich um (siehe Abbildung 20).

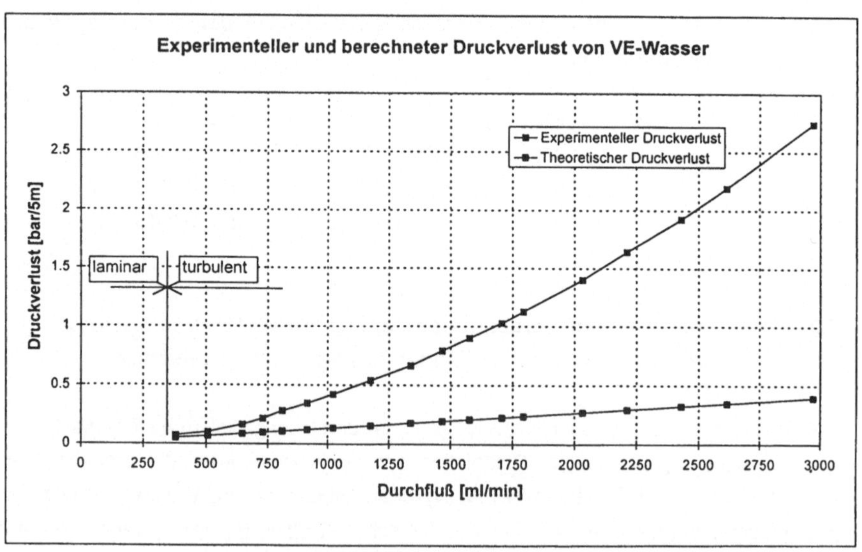

Abb. 20: Druckverlustkennlinie von VE-Wasser am Teflonschlauch (4x6 mm)

Die Berechnung der Reynoldszahl ergibt ab dem Durchfluß von 300 ml/min einen Wert von über 2300. Die hohen Strömungsgeschwindigkeiten im System werden durch die niedere Viskosität des VE-Wassers bewirkt. Der Druckverlust steigt weiter überproportional bis ca. 2,7 bar an (entspricht 5 bar Systemdruck). Dieser zusätzliche Reibungsverlust im turbulenten Bereich entsteht durch den Einfluß der unterschiedlichen Geschwindigkeitsgradienten.

Für die Spüllösung ist bei gleicher Versuchsdurchführung wie mit VE-Wasser bei "gleichen Systemdrücken" eine Abnahme der Durchflußmenge festzustellen. Das Druckverlustniveau liegt höher als beim VE-Wasser. Dies wird durch eine höhere Viskosität der Spüllösung verursacht. Der Übergang in eine turbulente Strömung beginnt erst ab ca. 500 ml/min (Re > 2300). Bis zu diesem Durchflußwert stimmen die Berechnungswerte mit den Meßergebnissen überein. Bei höheren Durchflußwerten können die experimentell ermittelten Meßwerte infolge der turbulenten Strömungsverhältnisse bzw. dem Einfluß der Rohrreibungszahl λ nicht mehr nachgerechnet werden (siehe Abbildung 21).

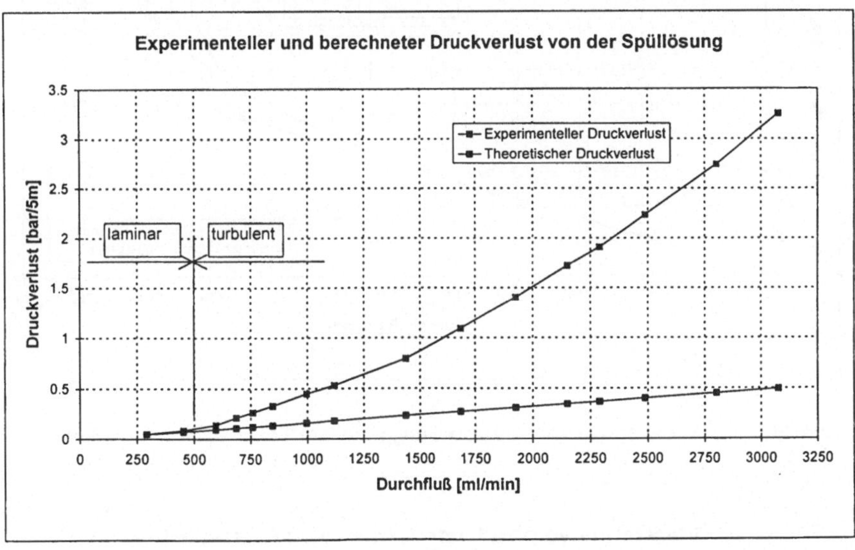

Abb. 21: Druckverlustkennlinie der Spüllösung am Teflonschlauch (4x6 mm)

Im Gegensatz zu den Druckverlustuntersuchungen von VE-Wasser und der Spüllösung erweist sich das Lösungsmittel Butylglykol als "ideale" Modellsubstanz für die Überprüfung der Druckverluste mit dem Ansatzes von Hagen-Poiseuille.

Der laminare Strömungsbereich kann mit diesem theoretischen Ansatz bis zu einem Durchfluß von ca.1600 ml/min nachgerechnet werden. Im Versuch war dies die Einzelmessung mit einem Systemdruck von 1,8 bar. Die Abweichung der Berechnungs- und Meßwerte liegt bis zum Strömungsübergang unter 4%. Erst bei einer Erhöhung des Systemdrucks auf über 2 bar und somit einer Durchflußerhöhung auf über 1600 ml/min ergeben sich Abweichungen der Berechnungs- und Meßwertekurven.

Ein Einsetzen der Versuchsparameter bei einem Durchfluß von 1600 ml/min in die Berechnungsgleichung (vgl. Abbildung 9, Seite 38 / Newtonsches Fluid) ergibt sich für die Reynoldszahl Re ein Wert von ca. 2300. Damit wird eindeutig der Strömungsübergang in den turbulenten Bereich erklärt (siehe Abbildung 22).

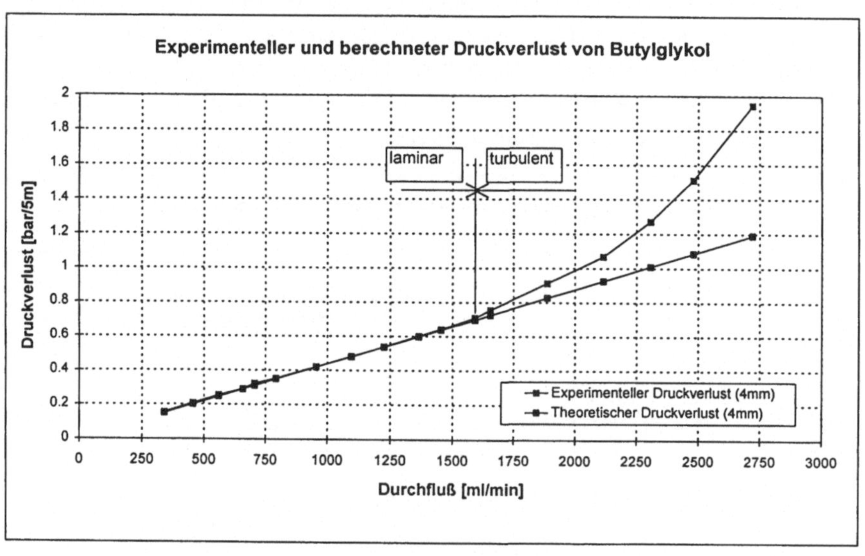

Abb. 22: Druckverlustkennlinie von Butylglykol am Teflonschlauch (4x6 mm)

5.2.1 Druckverlustvergleich der verwendeten Flüssigkeiten

In Abbildung 23 auf Seite 59 wird der Durchfluß in Abhängigkeit des Druckverlustes für die drei Flüssigkeiten (Spüllösung, VE-Wasser, Butylglykol) dargestellt. Die Spüllösung und das VE-Wasser weisen in Bereichen der Durchflußwerte von ca. 2000 ml/min durch den frühen Übergang der laminaren in eine turbulente Strömung einen höheren Druckverlust auf als Butylglykol.

Das Butylglykol strömt aufgrund seiner ca. 3-fach höheren Viskosität länger laminar und liegt auf einem etwas höheren Druckniveau. Durch die höhere Steigung der Butylglykolkurve ab ca. 2300 ml/min wird erwartet, daß bei größeren Durchflußmengen ähnlich hohe Druckverluste auftreten wie bei den anderen beiden Fluiden.

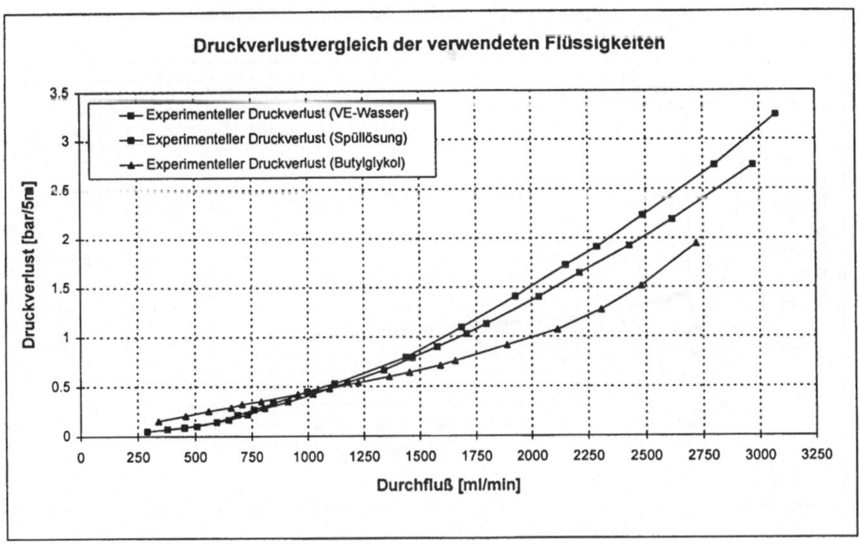

Abb. 23: Druckverlustkennlinien der verwendeten Flüssigkeiten

5.2.2 Rohrreibungsbeiwertbestimmung am Teflonschlauch

Bei turbulenter Strömung spielt neben der Reynoldszahl Re noch die Wandrauhigkeit k_w im Verhältnis zum Durchmesser d, k_w/ d, eine große Rolle. Die Rohrreibungszahl λ ist eine Funktion von Re und k_w / d, $\lambda = \lambda$ (Re, k_w / d). Technisch glatte Rohre haben einen Rohrrauhigkeitsbeiwert k_w von ca. 0,001 bis 0,0015. Für die in den Versuchen verwendeten Lackschläuche verschiedener Materialien kann derselbe Rohrreibungsbeiwert angenommen werden.

Im laminaren Strömungsbereich hat die Wandrauhigkeit der Schläuche keinen Einfluß auf den Druckverlust, da die Rohrreibungszahl λ nur eine Funktion der Reynoldszahl Re ist, $\lambda = \lambda$ (Re) (siehe Kapitel 3.2.3, Seite 32).

In Abbildung 24 wird die Abhängigkeit der Rohrreibungszahl von der Reynoldszahl von den durchgeführten Versuchen dargestellt. Die Rohrreibungszahl steigt bei einer

Reynoldszahl von ca. 2300 kurz an und fällt dann konstant ab (Übergang von laminarer in turbulente Strömung). Bei technisch rauhen Rohren würden die Rohrreibungswerte bei größeren Reynoldszahlen durch die größere Wandrauhigkeit erheblich ansteigen. Die Folge davon wären höhere Druckverluste.

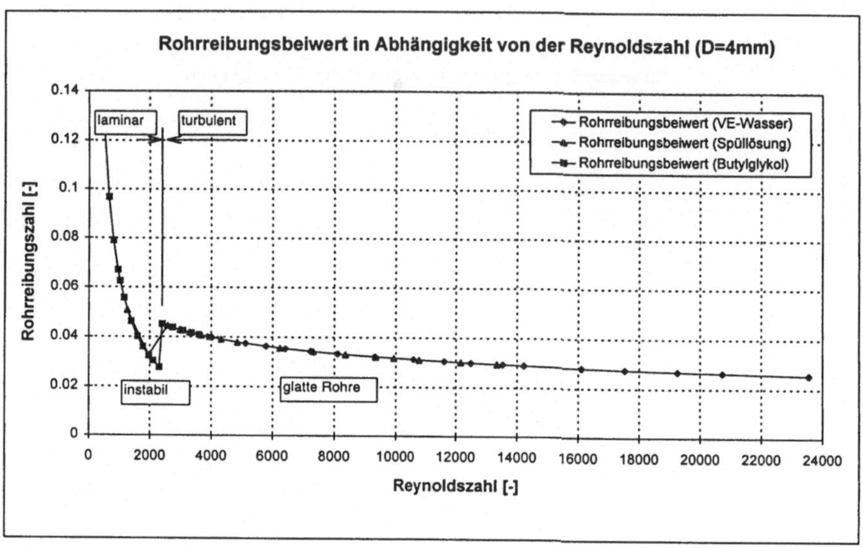

Abb. 24: Rohrreibungsbeiwert bestimmt mit VE-Wasser, Spüllösung und Butylglykol

5.2.3 Druckverlustvergleich verschiedener Schlauchdurchmesser

In Abbildung 25 auf Seite 61 werden die Druckverlustkennlinien verschiedener Innendurchmesser (4 und 6 mm) für einen 5 m langen Teflonschlauch dargestellt. Als Flüssigkeit wurde reines Butylglykol verwendet. Es zeigt sich natürlich, daß bei einem Innendurchmesser von 6 mm der Druckverlust geringer ist und die Strömung erst bei höheren Durchflußmengen von ca. 2500 ml/min in Turbulenz umschlägt. Der Übergang in den turbulenten Strömungsbereich für den 4 mm Schlauch erfolgt schon bei ca. 1600 ml/min (vgl. Beziehung 3.7 und 3.8). Die Meß- und Berechnungswerte liegen in einem Toleranzfeld von unter 5% Abweichung.

Für die Farbwechseltechnik bedeutet dies, daß der Einfluß des Schlauchdurchmessers bei der Auslegung der Schlauchinstallationen nie zu unterschätzen ist und für jeden Anwendungsfall der optimale Querschnitt zu wählen ist.

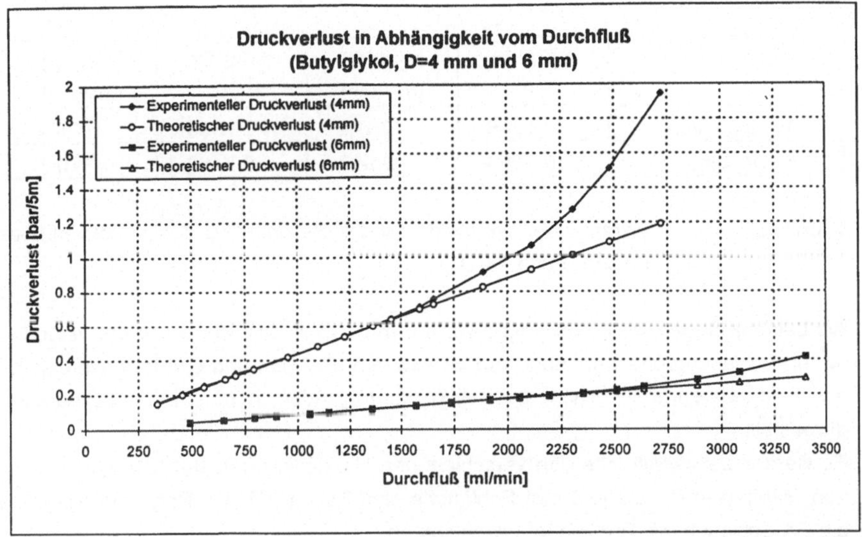

Abb. 25: Druckverlustvergleich mit Butylglykol am 4x6 mm und 6x8 mm Teflonschlauch

5.3 Vergleich der Berechnungs- und Meßwerte für Druckverluste bei den nichtnewtonschen Fluiden (Wasserlacke)

Zur Überprüfung von Berechnungs- und Meßwerten werden bei gleichem Versuchsaufbau (siehe Abb. 14, Seite 48) zwei verschiedene Wasserbasislacke (Metallic-silber und Uni-blau) verwendet.

Aufgrund der Temperaturabhängigkeit der Viskosität und der damit zusammenhängenden Beeinflußung der rheologischen Eigenschaften bzw. der Druckverluste, werden die Berechnungen stellvertretend für zwei Temperaturen (20°C und 23°C) durchgeführt. Die Lacktemperatur während des Versuchs beträgt Raumtemperatur (ca. 21 ± 0,5 °C).

Wasserlacke zeigen ein strukturviskoses Verhalten. Für die Berechnung ist die Kenntnis von zwei Kennwerten:

① dem Fließexponent **n** und

② dem Konsistensfaktor **k**

aus dem Viskositätsverhalten des Lackmaterials erforderlich.

Der Temperatureinfluß auf diese Materialkennwerte (n, k) wird in Tabelle 2 auf Seite 62 dargestellt.

Wasserbasislack	n (20°C) [-]	k (20°C) [mPas^n]	n (23°C) [-]	k (23°C) [mPas^n]
Metallic-silber	0,6886	1257,9	0,7069	1079,4
Uni-blau	0.7284	982,7	0,7468	820,7

Tabelle 2: Berechnete Kennwerte für die Bestimmung des Druckverlustes bei 20°C und 23°C

Als Leitungslängen werden wieder jeweils 5 m gewählt. Die Meßwerte der verschiedenen Schlauchgrößen (innen x außen) 4x6 mm, 5x7 mm und 6x8 mm, werden für die zwei verwendeten Wasserbasislacke im folgenden in einem Δp-Q-Diagramm dargestellt.
Es werden Lackschläuche von verschiedenen Herstellern getestet. Die verschiedenen Materialien für die 4x6 mm Schläuche sind Teflon (PTFE), Polyamid (PA) und ein PA-Schlauch mit Tefloninnenbeschichtung.
Durch den großen Druckverlust (verursacht durch die relativ hohe Viskosität des Wasserbasislacks) ist ein Aufweiten der Schläuche nicht zu verhindern. Diese Aufweitung wird in den Berechnungen durch einen 0,1 mm größeren Innendurchmesser berücksichtigt.

5.3.1 Einfluß der Schlauchquerschnitte auf den Druckverlust

Bei den folgenden Versuchen werden der Wasserbasislack (Metallic-silber) und die Teflonschläuche 4x6 mm, 5x7 mm und 6x8 mm eingesetzt. Der Systemdruck wird von 3 bis 10 bar in 8 Schritten hochgeregelt.
Unterhalb eines Systemdruckes von 3 bar werden im Versuch mit dem kleinsten Schlauchinnendurchmesser von 4 mm aus Trägheitsgründen keine konstanten Durchflußwerte mehr erreicht. Daher wird dieser Meßpunkt nicht dargestellt.

Der experimentell ermittelte Kurvenverlauf liegt zwischen den berechneten Verläufen und weist somit eine ausreichende Genauigkeit für die Vergleiche auf.
Besondere Beachtung ist dem Einfluß des Schlauchdurchmessers auf den Durchfluß bei gleichen Systemdruckeinstellungen zu schenken. Es zeigt sich, daß für die Meßpunkte, die in 1 bar Schritten hochgeregelt und aufgezeichnet werden, eine erhebliche Verschiebung zu höheren Durchflußmengen bei gleichen Systemdrücken erfolgt (siehe Abb. 26, Seite 63).

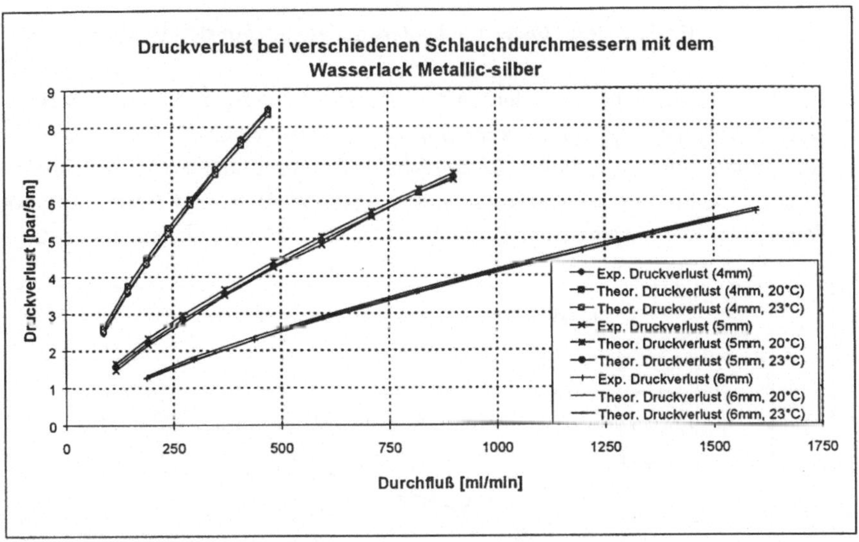

Abb. 26: Druckverlustkennlinien der drei Schlauchquerschnitte

In Tabelle 3 werden die Meß- und Berechnungswerte der verschiedenen Schlauchdurchmesser aufgezeigt.

Die kritische Reynoldszahl wird beispielsweise für diesen Wasserlack und einem Schlauchinnendurchmesser von 4 mm zu Re = 2493 berechnet (Übergang in turbulente Strömung). Da beim maximalen Durchfluß von 475 ml/min eine Reynoldszahl von ca. 17 errechnet wird, kann bei Wasserlacken auch bei sehr großen Durchflußmengen von laminarer Strömung ausgegangen werden.

Schlauchinnen-durchmesser [mm]	Systemdruck [bar]	Druckverlust [bar]	Durchfluß [ml/min]	Abweichungen von theor. und exp. Meßwerten [%]
4	3	2,5	90	< 3
4	10	8,5	475	< 3
5	2	1,5	115	< 5
5	10	6,5	900	< 5
6	2	1,25	190	< 2
6	10	5,8	1600	< 2

Tabelle 3: Meß- und Berechnungswerte verschiedener Schlauchquerschnitte

5.3.2 Einfluß des Wasserbasis-Versuchslacks auf den Druckverlust

Für die Untersuchungen mit den beiden Wasserlacken Metallic-silber und Uni-blau wird der Teflonschlauch (innen x außen) 4x6 mm verwendet.

Es werden nur geringfügige Druckverlustunterschiede als Folge der ähnlichen Viskositätswerte festgestellt. Die Abweichungen der Meß- und Berechnungswerte liegen unter 5% und sind somit für die Praxis ausreichend niedrig (siehe Abb. 27).

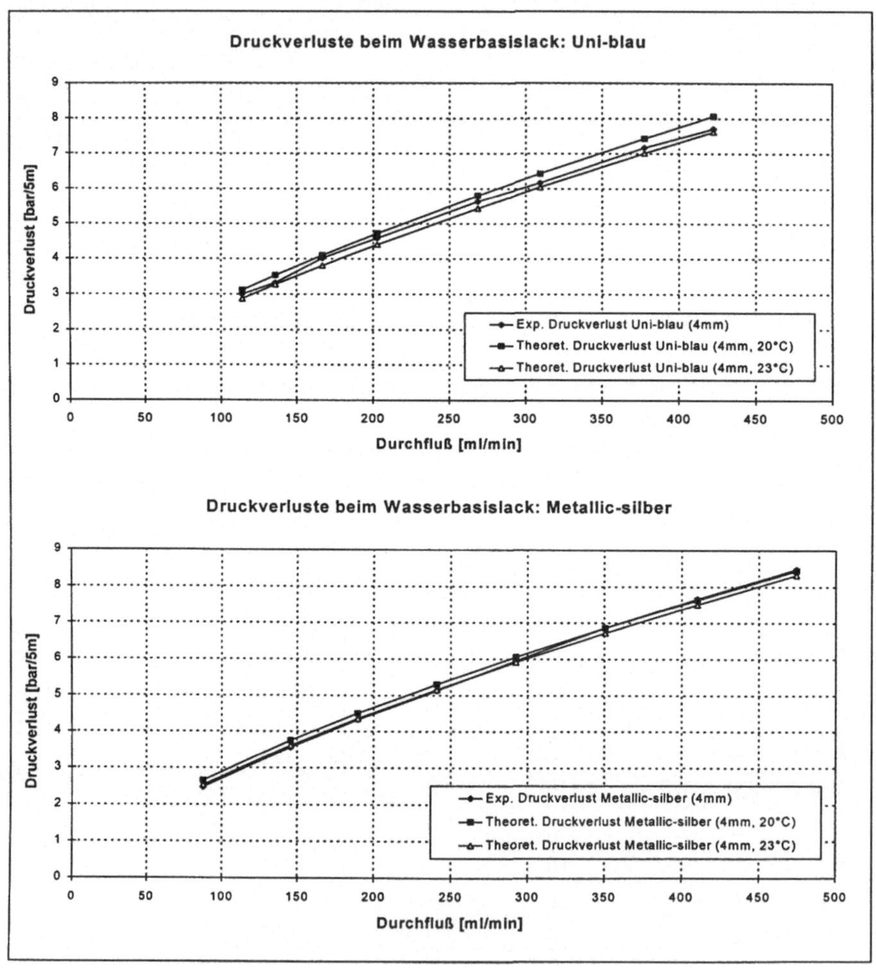

Abb. 27: Druckverlustkennlinien der zwei Wasserbasis-Versuchslacke

5.3.3 Einfluß der Schlauchmaterialien auf den Druckverlust

Für die Lackschläuche (4x6 mm) stehen drei verschiedene Materialien, die auch in der Praxis Anwendung finden, zur Verfügung. Die Materialien sind Teflon (PTFE), Polyamid (PA) und eine Kombination beider Materialien.

In Abbildung 28 und Tabelle 4 werden die ermittelten Δp-Q-Beziehungen der verschiedenen Leitungswerkstoffe aufgezeigt. Sie ergeben hinsichtlich des Druckverlustes keine signifikanten Unterschiede. Lediglich der PA-Schlauch verursacht einen leicht höheren Druckverlust; dieser ist aber durch einen fertigungsbedingten engeren Querschnitt (0,1mm weniger als bei den beiden anderen Schläuchen) erklärbar.

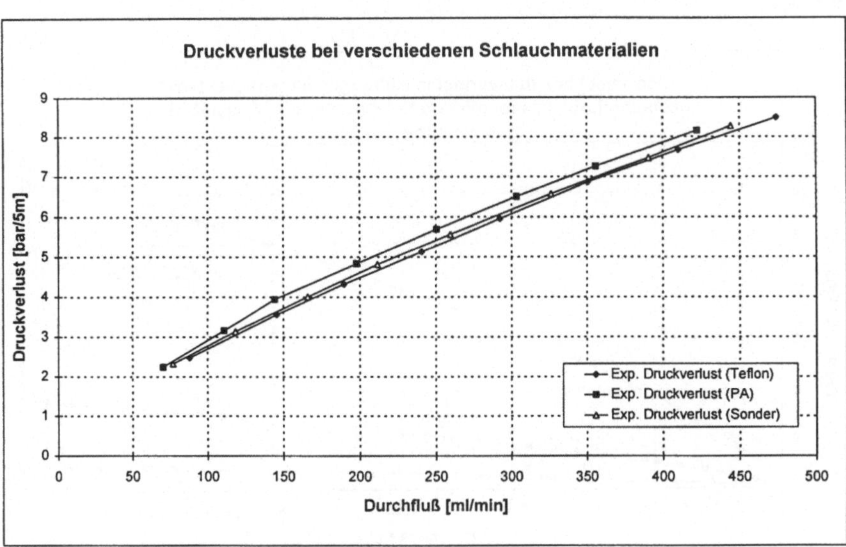

Abb. 28: Druckverlustkennlinie der drei Schlauchmaterialien

Schlauchmaterial	Systemdruck [bar]	Druckverlust [bar]	Durchfluß [ml/min]	Abweichungen von theor. und exp. Meßwerten [%]
Teflon (PTFE)	3	2,5	85	< 3
Polyamid (PA)	3	2,2	70	< 4
Sonderschlauch	3	2,3	75	< 4

Tabelle 4: Meß- und Berechnungswerte der verschiedenen Schlauchmaterialien

5.3.4 Theoretischer Druckverlust verschiedener Schlauchdurchmesser

Zur besseren Übersicht und Einschätzung der Druckverluste bei verschiedenen Schlauchdurchmessern wird hier noch einmal auf die Theorie zurückgegriffen. Zur Darstellung des Druckverlustes bei konstanten Durchflußmengen und variierten Schlauchinnendurchmessern (4 mm, 6 mm, 9 mm) werden in den Berechnungsansatz nach Ostwald die rheologischen Kennwerte des Wasserlacks (bei 23°C) eingesetzt (siehe Abbildung 29 und Tabelle 5). Die höchste Reynoldszahl für einen Durchfluß von 3000 ml/min wird durch die Berechnungen beim 4 mm Schlauch mit Re = 193 bestimmt. Dies zeigt wiederum, daß die verwendeten Wasserlacke laminar strömen.

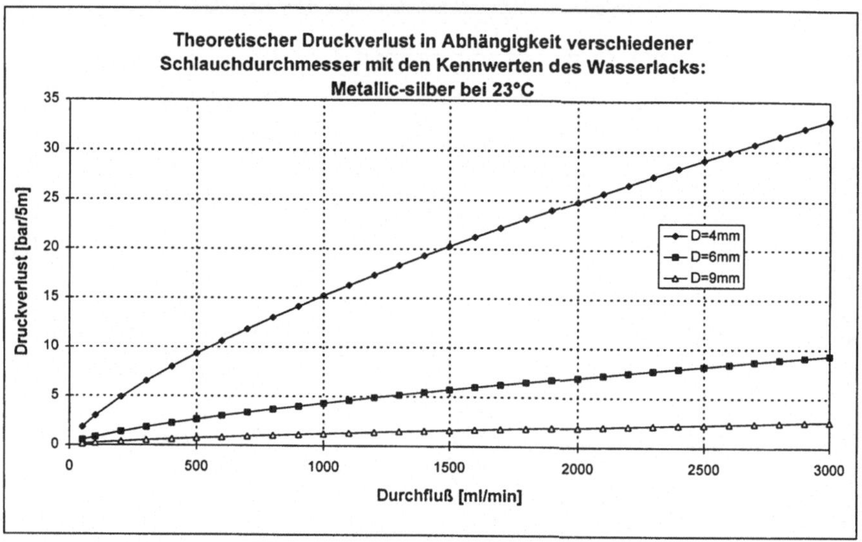

Abb. 29: Theoretischer Druckverlust in Abhängigkeit verschiedener Schlauchdurchmesser

Schlauchinnen-durchmesser [mm]	Druckverlust [bar]	max. Durchfluß [ml/min]
4	33	3000
6	9	3000
9	2,5	3000

Tabelle 5: Berechnungswerte verschiedener Schlauchdurchmesser

5.4 Experimentelle Druckverlustbestimmung an Bauelementen der Farbwechseltechnik

Wichtig im Hinblick auf die Materialverluste und den zu bereitstellenden Anlagenluftdruck ist die Untersuchung der Druckverluste der unterschiedlichen Farbversorgungskomponenten.
In den nachfolgenden Versuchen werden die Druckverlustkennlinien von verschiedenen Farbwechselkomponenten unterschiedlicher Hersteller experimentell ermittelt. Die Untersuchungen werden so durchgeführt, daß vergleichende Betrachtungen der einzelnen Fabrikate möglich sind (vgl. Kap.4.2, Seite 47).
Die Versuchsergebnisse werden in Δp-Q-Diagrammen dargestellt. Der Versuchsaufbau (Leitungslänge/Fittings) vom Druckbehälter zu den einzelnen Komponenten wird, um auch Vergleiche über den eingestellten Systemdruck anstellen zu können, nicht variiert. Die Versuche werden mit dem Wasserbasislack (Metallic-silber) durchgeführt. Die Umgebungstemperatur beträgt 21 ± 0.5 °C. Dadurch bedingte auftretende Lackviskositätsschwankungen um 5% sind für die Druckverlustbestimmungen genau genug. Die Druckverluste werden durch Erhöhung des Systemdrucks im Druckbehälter (1-10 bar) bei jedem Bauelement in gleicher Form aufgenommen. Die Durchflußmessung erfolgt mit dem magnetisch-induktiven Durchflußmesser und wird zusätzlich durch Auslitern überprüft. Folgende Bauteile bzw. Komponenten werden experimentell untersucht:

- Farbwechselblock A mit 12 Ventilen.
- Farbwechselblock B mit 12 Ventilen.
- Druckregler A mit drei verschiedenen Steuerdrücken (2, 4, 6 bar).
- Druckregler B mit drei verschiedenen Steuerdrücken (2, 4, 6 bar).
- Armatur für den Drucksensor.
  1. spülbar.
  2. nicht spülbar.
- Magnetisch-induktiver Durchflußmesser.

Für die Versuche werden die Farbwechselblöcke, die Druckregler und der Durchflußmesser folgender Hersteller eingesetzt:

Farbwechselblock A: Firma ABB Oberflächenanlagen GmbH
Farbwechselblock B: Firma Dürr / Behr APT GmbH
Druckregler A: Firma ABB Oberflächenanlagen GmbH
Druckregler B: Firma Dürr / Behr APT GmbH
Durchflußmesser: Fa. Turbo

Die Drucksensorarmatur ist am IPA Stuttgart konstruiert und gebaut worden.

5.4.1 Druckverlustuntersuchung an Farbwechselblöcken

An einem Farbwechselblock laufen alle Farbleitungen, die Spüllösungsleitung und die Druckluftleitung zusammen (siehe Abbildung 30). Das Wechseln dieser Medien wird durch das Öffnen bzw. Schließen pneumatischer Ventile bewerkstelligt.

Für die Druckverlustbestimmungen der beiden zu untersuchenden Farbwechselblöcke (A und B) ist wichtig, daß die Anschlüsse und die Ventilanzahl gleich sind. Die Farbwechselblöcke bestehen aus jeweils 12 Ventilblöcken.

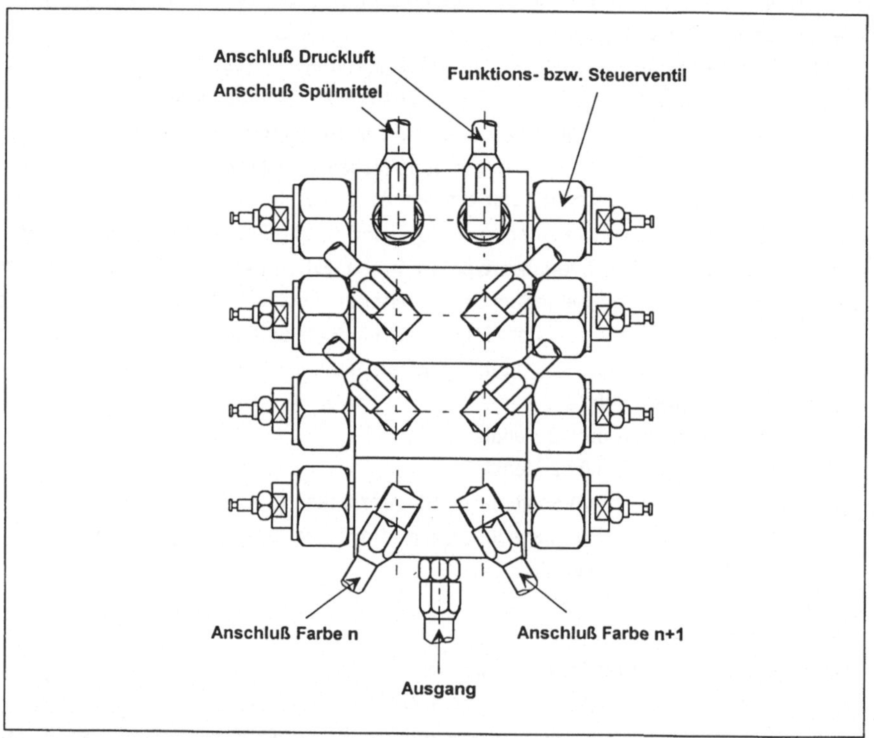

Abb. 30: Einbaulage des Farbwechselblocks A

In Abbildung 31 auf Seite 69 wird der Druckverlust in Abhängigkeit des Durchflusses der zwei Farbwechselblöcke gezeigt. Die Druckverlustunterschiede sind nicht signifikant. Erst bei höheren Durchflußwerten weichen die Kennlinien geringfügig voneinander ab, wobei der Farbwechselblock B einen etwas höheren Druckverlust aufweist.

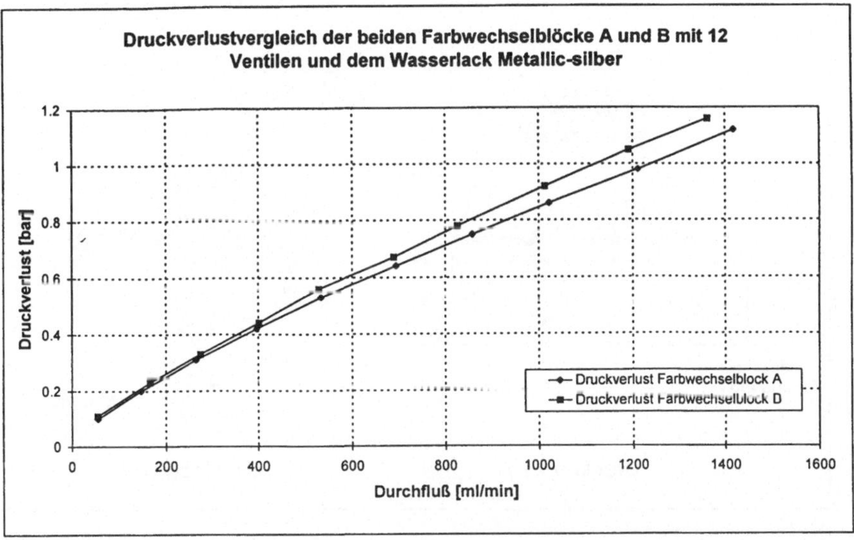

Abb. 31: Druckverlustkennlinien der beiden Farbwechselblöcke (A und B)

5.4.2 Druckverlustuntersuchungen an Druckreglern

Pneumatisch gesteuerte Farbdruckregler begrenzen beim Lackieren und beim Spülen den Versorgungs- bzw. Förderdruck auf einen eingestellten Höchstwert. Dieser Wert ist maßgebend für die Durchflußmenge und wird über den Steuerdruck eingestellt. Aufgabe des Farbdruckreglers ist außerdem das Ausfiltern der Druckspitzen aus der zentralen Lackversorgung, wie z.B. eine Ringleitung (siehe Abb. 32, Seite 70). In den hier durchgeführten Versuchen wird ein Druckbehälter verwendet.

In Abbildung 33, S. 70 werden die Kennlinien der Druckregler (A und B) bei verschiedenen Steuerdrücken (2, 4 und 6 bar) dargestellt. Im Vergleich zeigt sich, daß die beiden Druckregler vor allem bei niedrigen Steuerdrücken unterschiedliche Durchflußmengen erzielen. Der Farbdruckregler B läßt bei einem Steuerdruck von 2 bar beinahe die doppelt so hohe Menge an Lack durchströmen. Grund dafür können unterschiedliche Federn, Membranen und Innenquerschnitte sein. Für beide Druckregler ist die Abnahme der Durchflußmenge trotz der Systemdruckerhöhung bei vorgegebenem Steuerdruck charakteristisch. Gleichzeitig steigt der Druckverlust an. Erst bei einem Steuerdruck von 6 bar ist dieses Verhalten nicht mehr zu erkennen, da der Druckregler den ganzen Strömungsquerschnitt freigibt. Der höhere Druckverlust des Druckreglers B ist in bezug auf den Gesamtdruckverlust unbedeutend.

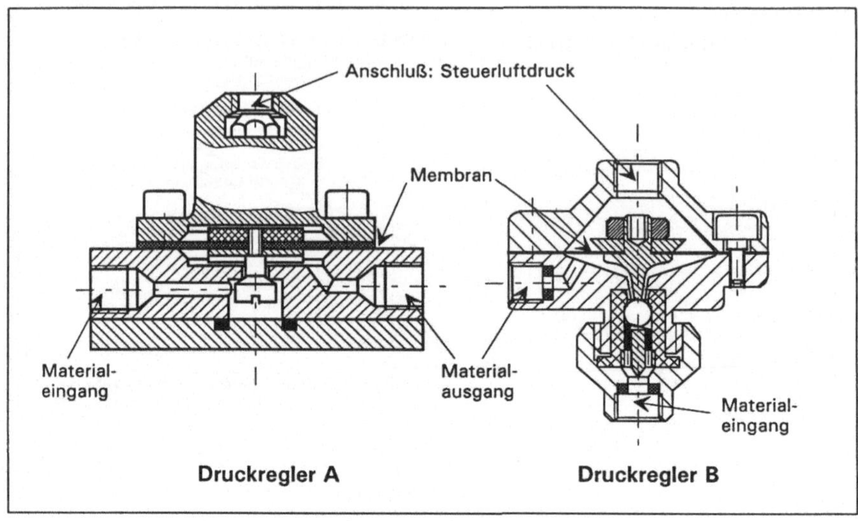

Abb. 32: Schematische Darstellung der beiden Lackdruckregler

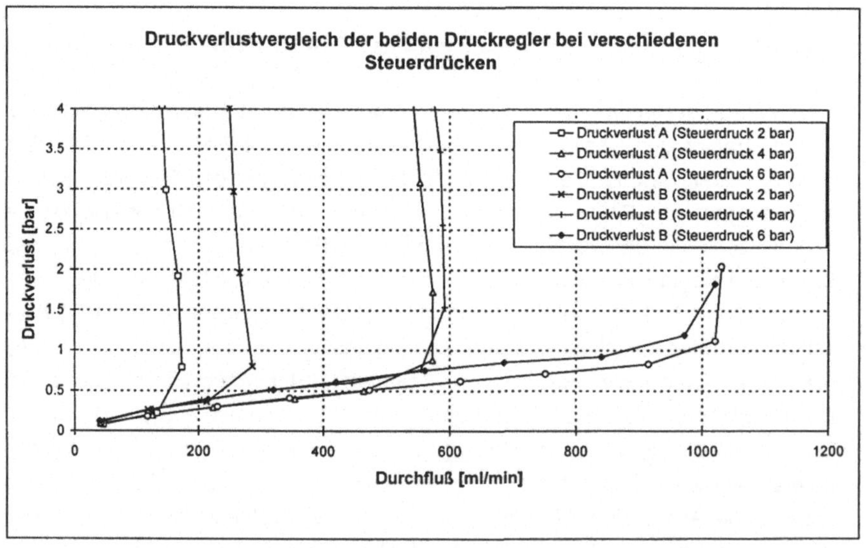

Abb. 33: Druckverlust der Druckregler A und B bei verschiedenen Steuerdrücken

In Abbildung 34 wird der Unterschied der beiden für die Druckverlustuntersuchung verwendeten Armaturen im Schnitt gezeigt. Der größere fertigungstechnische Aufwand zur Herstellung des spülbaren Aufnehmers ist notwendig, um die Voraussetzungen für die in Kapitel 6 folgenden Reinigungs- bzw. Spülversuche zu schaffen. Die höheren Druckverluste, verursacht durch eine geänderte Flüssigkeitsführung, werden hier experimentell ermittelt.

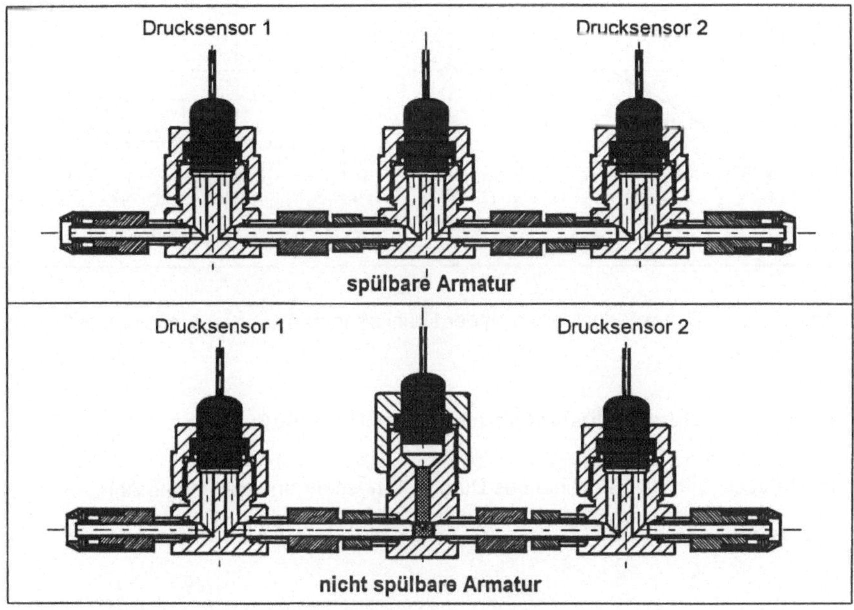

Abb. 34: Druckverlustbestimmung der Sensorarmaturen

Die Druckverluste sind bei der spülbaren Sensorarmatur im Vergleich zur nichtspülbaren erheblich höher (siehe Abbildung 35, Seite 72). Die Differenz der beiden Druckverlustkennlinien entsteht durch die verlängerte Flüssigkeitsführung in der Armatur sowie durch Strömungsablösungen infolge der Fliehkraft und durch Sekundärströmungen im Krümmungsbereich /71/. Bei einem Durchfluß von ca. 1000 ml/min beträgt die Druckverlustdifferenz der beiden Sensorarmaturen ca. 0,3 bar. Zu berücksichtigen ist, daß die Druckverlustwerte, bedingt durch den meßtechnischen Aufbau, nur relative Werte sind (vgl. Kapitel 4.2).

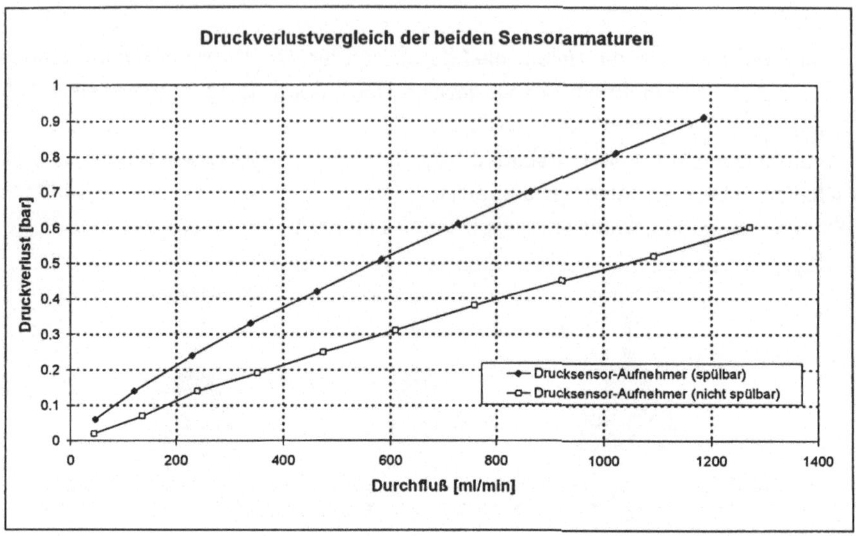

Abb. 35: Druckverlustvergleich der Drucksensorarmaturen (spülbar/nicht spülbar)

5.4.4 Druckverlustuntersuchung am Durchflußmesser

Im Versuch wird die Kennlinie des Durchflußmessers ermittelt (siehe Abb. 36 u. 37).

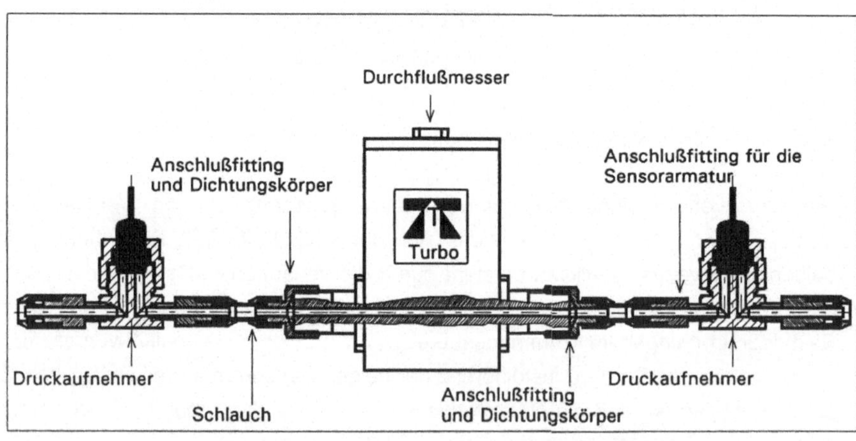

Abb. 36: Druckverlustbestimmung am Durchflußmesser

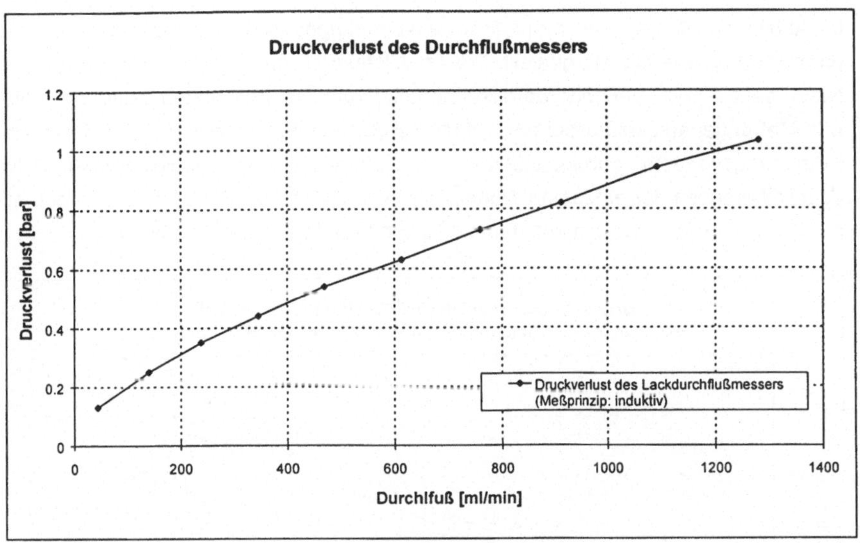

Abb. 37: Druckverlustkennlinie des Durchflußmessers

Durch die konstruktiv einfache Form des Durchflußmessers ist es möglich, mit Hilfe der Druckverlustgleichung nach Ostwald den Druckverlust mit einer ausreichenden Genauigkeit zu berechnen. Dabei müssen die unterschiedlichen Leitungslängenabschnitte bei den verschiedenen Durchmessern in die Gleichung für strukturviskose Fluide von Ostwald eingesetzt werden (siehe Kapitel 3.2.5, Seite 37).

5.4.5 Berechnung aneinandergereihter Farbwechselkomponenten

Die Summation der Druckverluste einzelner Bauelemente im Experiment und deren Berechnung mit Hilfe des Ostwald-Ansatzes ist für einfach zusammengesetzte Bauteile grundsätzlich möglich. Für die einzelnen Bauteile sind die Längenabschnitte und die dazugehörigen Durchmesser zu bestimmen. Durch zusätzliches Einsetzen der "n" und "k" Kennwerte, die aus dem Viskositätsverhalten bestimmt werden, ist es möglich, in Verbindung mit den dazugehörigen Durchflußwerten, die Druckverluste zu berechnen. Die einzelnen Bauteile (Durchflußmesser, Anschlußfitting, Schlauch, Armatur) können einzeln berechnet und aufsummiert werden. Die Summe der theoretisch berechneten Druckverlustwerte der einzelnen Bauelemente und der Vergleich mit den experimentell ermittelten Werten ergibt eine quantitativ gute Übereinstimmung. Somit ist dadurch die Grundlage für eine Simulation geschaffen.

In Abbildung 38 ist der theoretisch zusammengesetzte und der experimentell ermittelte Druckverlust dargestellt. Die Abweichungen bei niedrigen Systemdrücken liegen bei ca. 10%, bei höheren Systemdrücken um 6%. Dies ist auf Rundungsfehler und Meßungenauigkeiten bei der Aufnahme der Fließkurven sowie auf Ablöse- und Krümmungsverluste zurückzuführen. Die absoluten Druckabweichungen bzw. Druckdifferenzen der einzelnen Wertepaare von 0,01 bis 0,025 bar sind bezogen auf ein Gesamtfarbwechselsystem vernachlässigbar gering und ausreichend.

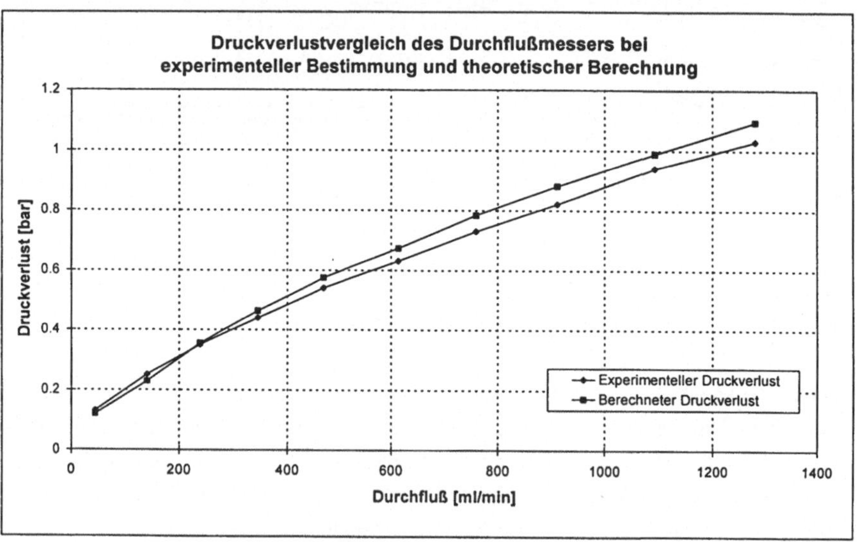

Abb. 38: Vergleich von berechneten und gemessenen Druckverlusten am Beispiel des Durchflußmessers

5.4.6 Erkenntnisse aus den Druckverlustuntersuchungen

Die Druckverluste spielen für die Dauer des Lackandrückens bzw. des Lackförderns eine entscheidende Rolle. Mit Hilfe der Berechnungsgrundlagen ist es nun möglich, für Lackleitungen den Druckverlust bei vorgegebener Andrückzeit zu berechnen und zu einem Simulationsprogramm weiterzuentwickeln.

Durch die entstehenden Druckverluste muß ein entsprechend hoher Systemdruck zur Verfügung stehen. Für die Installierung sind außerdem grundlegende Dinge zu beachten, um ein Optimum von möglichst geringem Druckverlust und möglichst geringem Schlauchvolumen zu finden.

Bei der Schlauchinstallation vom Farbwechsler zum Zerstäuber ist darauf zu achten, daß die Querschnitte an den Lackdurchsatz beim Lackieren angepaßt sind. Die Schlauchlängen sind möglichst kurz zu wählen, denn jeder unnötige Zentimeter Schlauch verursacht durch das unnötige Volumen nicht nur höhere Druckverluste, sondern auch zusätzliche Lackverluste beim Andrück- und Reinigungsvorgang. Durch geeignete Schlauchanschlüsse, wie z.B. Winkel können die Schlauchlängen oft erheblich reduziert werden.

Bei den Schlauchmaterialien hat sich gezeigt, daß nur geringfügige Unterschiede bestehen („technisch glatte Rohre"). Probleme können aber bei Antrocknungseffekten der Wasserlacke oder bei längeren Stillstandszeiten auftreten.

Bei der Verschlauchung nach dem Rückführventil ist darauf zu achten, daß möglichst große Querschnitte und kurze Schlauchlängen realisiert sind, um den Gegendruck des Sammelsystems möglichst gering zu halten.

Der Zusammenhang zwischen Schlauchdurchmesser, Schlauchvolumen und Druckverlust wird in Abb. 39 gezeigt. Der Druckverlust ist umgekehrt proportional zur 4. Potenz des Schlauchdurchmessers. Lackdurchsatz, Viskosität und Schlauchlänge gehen proportional ein.

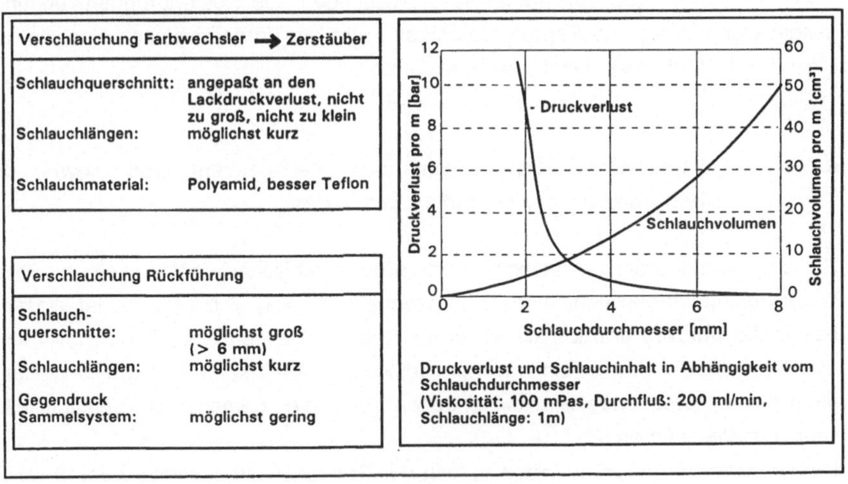

Abb. 39: Optimierung der Schlauchinstallation

6 Festlegung des gespülten Zustandes mit konduktometrischer Konzentrationsbestimmung

In der Praxis wird der Spülvorgang durch ein starres Ablaufprogramm gesteuert, welches für die schwierigste Farbfolge ausgelegt ist. Da aber ein Farbwechsel von z.B. Grün nach Blau nicht so kritisch ist wie von Silber zu Blau, ist das Spülprogramm für viele Farbwechsel unnötig lang. Eigentlich müßte die Reinigung eines Farbwechselsystems sogar nur so gründlich sein, daß eine Farbverschleppung auf dem lackierten Gut nicht zu erkennen ist. Sie könnte deshalb z.B. abgebrochen werden, wenn dieser sogenannte „gespülte Zustand" erreicht worden ist. Dem „gespülten Zustand" des Systems entspricht eine bestimmte zulässige Konzentration des alten Lackes im Spülmittel.

Am Beispiel zweier Farbwechselblöcke, die mit unterschiedlichen Spülprogrammen gereinigt werden, wird am Versuchsaufbau (siehe Kap. 4.2) gezeigt, nach welcher Zeit und mit welchem Spülmittelverbrauch ein Farbwechselsystem den „gespülten Zustand" erreicht hat, um die Sicherstellung der Spülqualität zu gewährleisten.
Vorversuche zeigten, daß andere Meßprinzipien wie Dichte-, Schallgeschwindigkeits-, Trübungs- und spektrometrische Messungen aus Kostengründen, ungenügender Genauigkeit und Reproduzierbarkeit sowie der Forderung nach einer on-line Messung noch nicht eingesetzt werden können.

6.1 Korrelation von Leitwert und Farbkonzentration sowie die Bestimmung des gespülten Zustandes

Zur Untersuchung der Korrelation zwischen der elektrischen Leitfähigkeit und Farbkonzentration werden verschiedene Konzentrationen von 0 bis 0,2 % der Wasserbasislacke Uni-blau und Metallic-silber mit Spülmittel angemischt und anschließend die Werte dieser Farbkonzentrationen gemessen. Anhand dieser Eichkurve kann dann die entsprechende Farbkonzentration durch die gemessenen Leitfähigkeitswerte ermittelt werden.
Der Grundleitwert des Spülmittels ist von der Grundzusammensetzung des Spülmittels, von der Temperatur sowie von Verunreinigungen im Spülmittel abhängig und somit auf Dauer nicht konstant. Ein Beispiel hierzu wäre das Nachfüllen des Spülmittels einer anderen Charge. Das Niveau (Meßwert) der elektrischen Leitfähigkeit kann sich in diesem Fall durch jeweils unterschiedliche Grundleitwerte der Spülmittel verschieben.

Infolgedessen reicht bei der konduktometrischen Bestimmung der Farbkonzentration die alleinige Kenntnis der Leitfähigkeit κ einer Farbkonzentration im Spülmittel nicht aus. Es muß von jeder Charge eine Grundleitfähigkeitsmessung des reinen Spülmittels durchgeführt werden, um eine Leitfähigkeitsdifferenz Δκ, die die Differenz zwischen der Leitfähigkeit κ vom Grundleitwert des Spülmittels und der Leitfähigkeit der entspechenden Farbkonzentration bzw. Spülmittelverunreinigung ist, zu erhalten. Der Grundleitwert des Spülmittels ist hier also Referenzwert und wird mit der Leitfähigkeit κ_R bezeichnet (R für Referenz) (siehe Abb. 40).
Damit gilt für die Leitfähigkeitsdifferenz Δκ:

$$\Delta\kappa = \kappa - \kappa_R \qquad [\mu S/cm] \qquad (6.1)$$

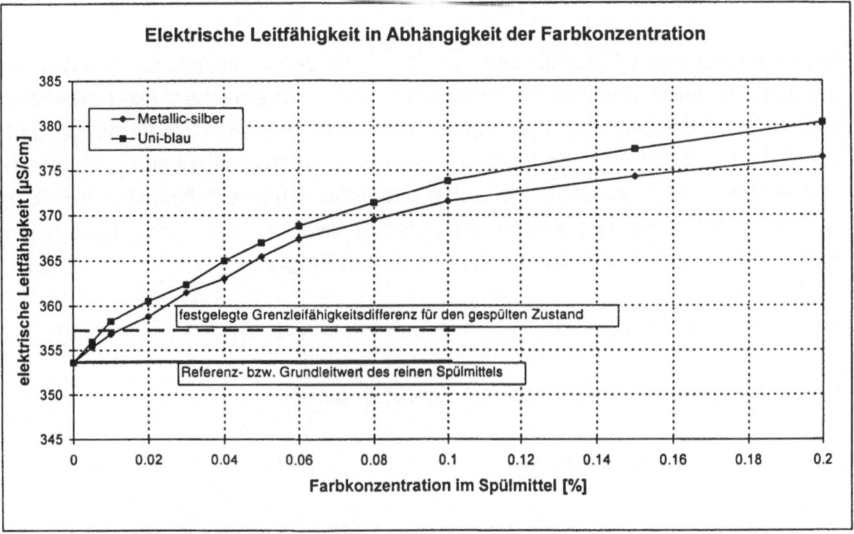

Abb. 40: Korrelation zwischen der Leitfähigkeit und Farbkonzentration sowie Grenzleitfähigkeitsdifferenz des gespülten Zustandes

Für die Bestimmung des „gespülten Zustandes" ist eine gewisse Restkonzentration des alten Lackes im neuen zulässig. Diese Grenzkonzentration einer Farbfolge wird am Beispiel des kritischen Farbwechsels der Wasserbasislacke Uni-blau und Metallic-silber festgelegt. Zuerst werden Lackproben mit dem jeweils anderen Lack verunreinigt, d.h. es werden unterschiedliche Lack-in-Lack-Konzentrationen von 0 bis 0,2 % angemischt. Mit diesen verunreinigten Lackproben werden Versuchsbleche lackiert und anschließend durch mehrere Testpersonen hinsichtlich der Sichtbarkeit der Farbverunreinigung beurteilt. Das Ergebnis dieser subjektiven Beurteilung ist in Tabelle 6 zusammengestellt:

Alte Farbe (Verunreinigung)	NeueFarbe (Grundfarbe)	Grenzkonzentration (subj.)
Wasserbasislack Metallic-silber (in →)	Wasserbasislack Uni-blau	ca. 0,1 %
Wasserbasislack Uni-blau (in →)	Wasserbasislack Metallic-silber	ca. 0,05 %

Tabelle 6: Grenzkonzentrationen der Farbfolgen („gespülter Zustand")

Die Spüldauer eines Farbwechsels wird durch die Zeit bestimmt, die benötigt wird, um den „gespülten Zustand" im Farbwechselsystem zu erreichen. Die Farbrestkonzentration im Spülmittel ist die Grenzkonzentration der aktuellen Farbfolge. Jeder Grenzkonzentration einer Farbfolge ist dann eine Grenzleitfähigkeit κ_{GR} zugeordnet und entsprechend des Spülmittels eine bestimmte Grenzleitfähigkeitsdifferenz $\Delta\kappa_G$ (vgl. Abb. 40, Seite 77), welche die Differenz zwischen den Leitfähigkeiten vom Grundleitwert κ_R des Spülmittels und der Grenzleitfähigkeit κ_{GR} ist:

$$\Delta\kappa_G = \kappa_{GR} - \kappa_R \qquad [V] \qquad (6.2)$$

Für die Leitfähigkeit κ_Z des „gespülten Zustands" gilt somit:

$$\kappa_Z = \kappa_R + \Delta\kappa_G \qquad [V] \qquad (6.3)$$

Die Mindestspüldauer ist dann erreicht, wenn beim Spülvorgang die Leitfähigkeit κ (Leitfähigkeit der Farbrestkonzentrationen) den Wert κ_Z des „gespülten Zustands" erreicht hat. Beim Farbwechsel ergibt sich somit die Bedingung für das Spülende:

$$\kappa \leq \kappa_Z \qquad (6.4)$$

Bei den Spülversuchen mit Luft- und Spülmitteltakten ist der Spülvorgang beendet, wenn der Leitfähigkeitswert κ während eines Spülmitteltaktes nicht mehr über den Bereich der Grenzleitfähigkeitsdifferenz $\Delta\kappa_G$ ansteigt (vgl. Bedingung (6.4). Für die folgenden Untersuchungen wird eine feststehende Grenzleitfähigkeitsdifferenz $\Delta\kappa_G$ von 4 µS/cm vereinbart. Die Leitfähigkeitsdifferenz $\Delta\kappa_G$ entspricht dann dem Wert, der zwischen dem Grundleitwert und einer ca. 0,01%-igen Farbrestkonzentration für jeweils beide Versuchslacke im Spülmittel gemessen wird. Auf diese Weise besteht eine ausreichende Sicherheit bezüglich der Reinheit des Systems.

Falls während einer Leitwertmessung eine von der Lackverschmutzung unabhängige Änderung des Grundleitwerts eintritt, wird der Fehler bei der Ermittlung der Spüldauer umso größer, je kleiner man die Grenzleitfähigkeitsdifferenz wählt. Aufgrund der Temperaturabhängigkeit der elektrischen Leitfähigkeit ist eine Temperaturkompensation für das verwendete Spülmittel unumgänglich. Eine Temperaturänderung von z.B. nur einem Grad hätte einen erheblich größeren Einfluß auf den Leitfähigkeitswert als eine nur etwa 0,02 %-ige Lackverschmutzung. Voraussetzung für eine Temperaturkompensation ist ein Temperatursensor, der in derselben Armatur wie der Leitfähigkeitssensor eingebaut ist, damit eine eventuell eintretende Temperaturänderung des Spülmittels an beiden Sensoren zeitgleich gemessen werden kann (siehe Abb. 13, Seite 46).

6.2 Vergleichende Untersuchungen zur Spülqualität an Farbwechselblöcken

An einem Farbwechselblock laufen die Farbleitungen, die Spülmittelleitung sowie die Druckluftleitung zusammen. Das Wechseln der Medien wird durch Öffnen bzw. Schließen pneumatischer Funktionsventile an einem Mittelteil, dem Verteilerblock, ausgeführt. Der Farbwechselblock ist damit die wichtigste Komponente bei einer automatischen Farbversorgung. Die Funktionserfüllung der Ventile am Farbwechselblock ist durch verschiedene konstruktive Lösungen möglich. Zum einen kann die Ventilnadel nach vorne und zum anderen nach hinten öffnen. Voraussetzung ist eine gute Spülbarkeit, die durch einen geringen Spülmittelverbrauch sowie eine kurze Spüldauer gekennzeichnet ist. Im folgenden Kapitel werden die Farbwechselblöcke der Firmen ABB Oberflächenanlagen GmbH (Farbwechselblock A) und Dürr / Behr APT GmbH (Farbwechselblock B) unter dem Aspekt der Spülqualität untersucht.

6.2.1 Konstruktive Unterschiede der Farbwechselblöcke

Die für die Spülqualität relevanten Unterschiede der beiden Konstruktionen sind:

- das Material sowie die Bearbeitung (Herstellung),
- das Funktionsprinzip der Ventile sowie
- die Konstruktion und das Design.

Beschreibung der Farbwechselblöcke:

Der Farbwechselblock A besteht aus spanend bearbeitetem V2A Stahl. Für die Medien Luft, Spülmittel und Lack werden Ventile gleichen Typs verwendet.

Beim Öffnen der Ventile wird die Ventilnadel in Richtung Hauptkanal gedrückt und ragt dann in diesen mediumführenden Kanal hinein (siehe Abb. 41). Im Hauptkanal sind durch die Querbohrungen für die Ventilsitze (Durchmesser ca. 5 mm) farbwechselunfreundliche Hinterschneidungen vorhanden.

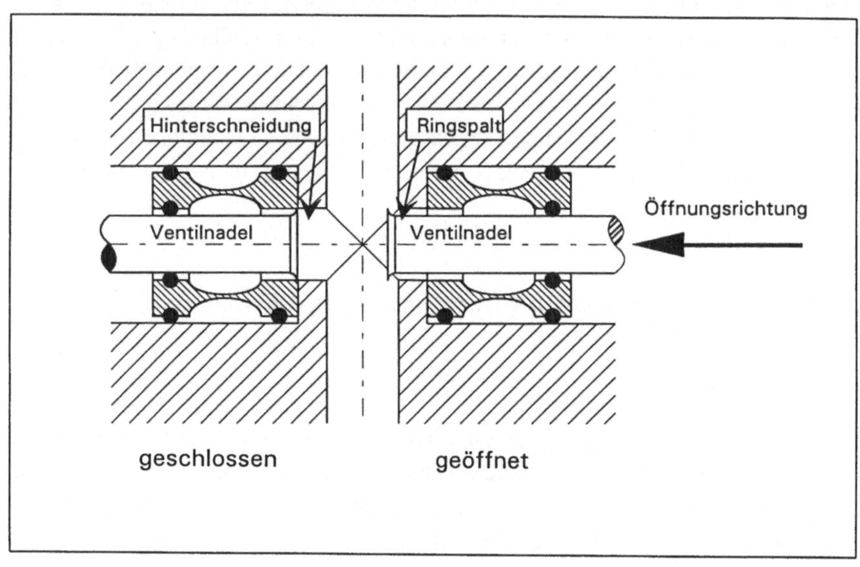

Abb. 41: Schließprinzip der Ventile am FWB A

Beim Farbwechselblock B sind der Grundkörper und die angeflanschten Funktionsventile aus spritzgegossenem Kunststoff. Für das Spülmittel ist, im Gegensatz zu den Funktionsventilen für Lacke und Luft, ein Ventil mit einer Düse (∅ ca. 0,7 mm) eingebaut.

Das Funktionsprinzip der Ventile des Farbwechselblocks B unterscheidet sich von Block A hauptsächlich dadurch, daß zum Öffnen des Ventils die Ventilnadel vom Hauptkanal zurückgezogen wird. Im geschlossenen Zustand ragt die Ventilnadelspitze je nach Toleranz und Abnutzung des Ventilsitzes etwas in den Hauptkanal hinein (siehe Abb. 42, Seite 81).

Aufbauend auf den Versuchsergebnissen der vorangegangenen Druckverlustversuche wird die Düse als verengender Strömungsquerschnitt ausgebaut. Es ergibt sich ein Ventilinnendurchmesser von 4 mm, ein mit dem Originalventil-Innendurchmesser des Farbwechselblocks A vergleichbarer Strömungswiderstand und ein daraus resultierender gleicher Spülmitteldurchfluß.

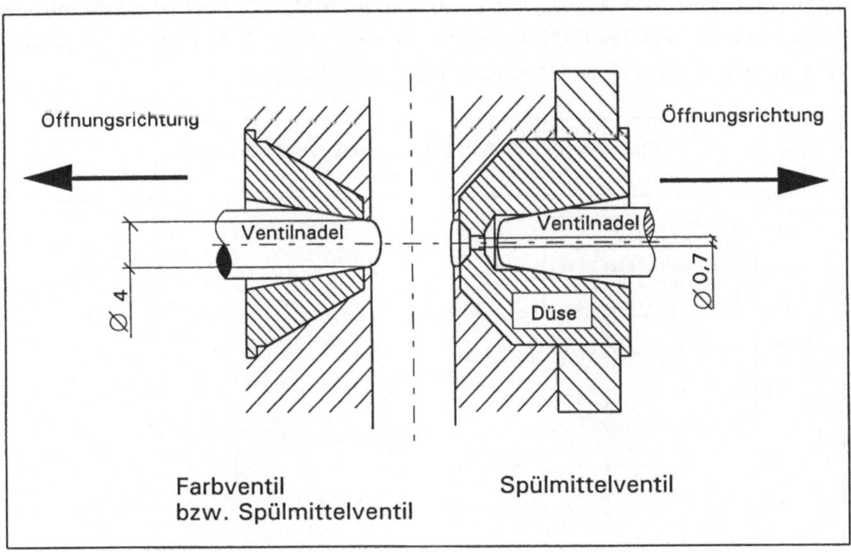

Abb. 42: Düse und Schließprinzip der Ventile am FWB B

6.2.2 Einfluß des Ventilquerschnitts auf den Spülmitteldurchfluß

Der Spülmitteldurchfluß kann geregelt werden durch:

- den eingestellten Spülmitteldruck und
- den Strömungswiderstand des Farbwechselsystems.

Der Spülmitteldurchfluß wird bei den beiden Farbwechselblöcken und den verschiedenen Düsen mit dem Turbinendurchflußgeber und durch zusätzliches Auslitern des ausströmenden Volumens pro Zeiteinheit für verschiedene Spülmitteldrücke zwischen 2 bar und 10 bar bestimmt.

Der Vergleich des Spülmitteldurchflusses bei beiden Farbwechselblöcken mit weiteren neu gefertigten Düsen mit Durchmessern von 1 mm und 2 mm wird in Abbildung 43 dargestellt. Der starke Einfluß der Düse am Funktionsventil des FWB B zeichnet sich deutlich ab. Durch die vorgebaute Düse ist es unmöglich, beide Farbwechselblöcke bei gleichem Spülmitteldurchfluß im angegebenen Druckbereich zu vergleichen. Erst durch den Ausbau der Düse wird erreicht, daß die Durchflußkennlinien des FWB B mit und des FWB A nahezu übereinstimmen. Dies wird auf die gleichen Querschnitte der Ventil- und Innenbohrungen zurückgeführt.

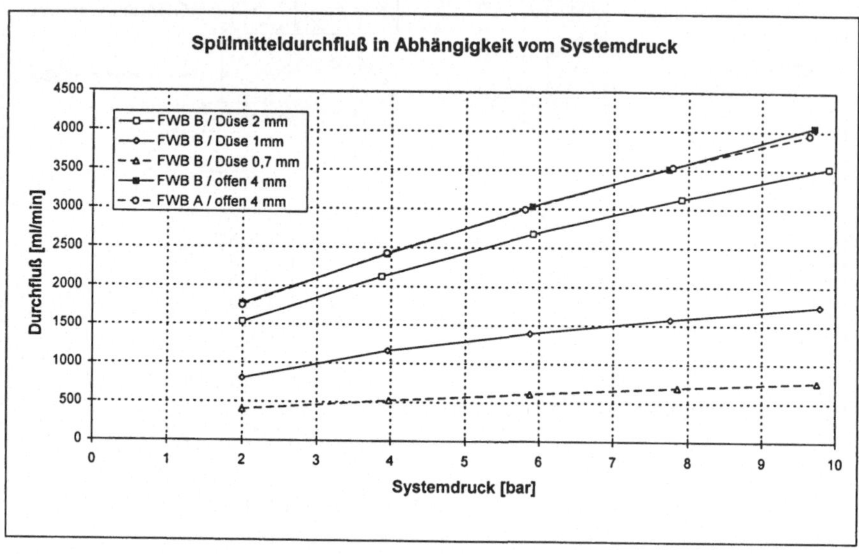

Abb. 43: Spülmitteldurchfluß in Abhängigkeit vom Druck für unterschiedliche Ventilquerschnitte

6.2.3 Messung des Druckluftvolumenstroms

An beiden Farbwechselblöcken wird sowohl der Spülmitteldurchfluß, als auch der Luftvolumenstrom in Abhängigkeit vom angelegten Druck gemessen. Der Luftvolumenstrom wird für Luftdrücke zwischen 2 bar und 10 bar gemessen (siehe Abb. 44, Seite 83).

Bei der Luftvolumenstrommessung ergeben sich für die beiden Farbwechselblöcke hinsichtlich Trägheit und Handhabbarkeit des Meßsystems nur geringe Unterschiede im farbwechselrelevanten Druckluftbereich (4-8 bar).

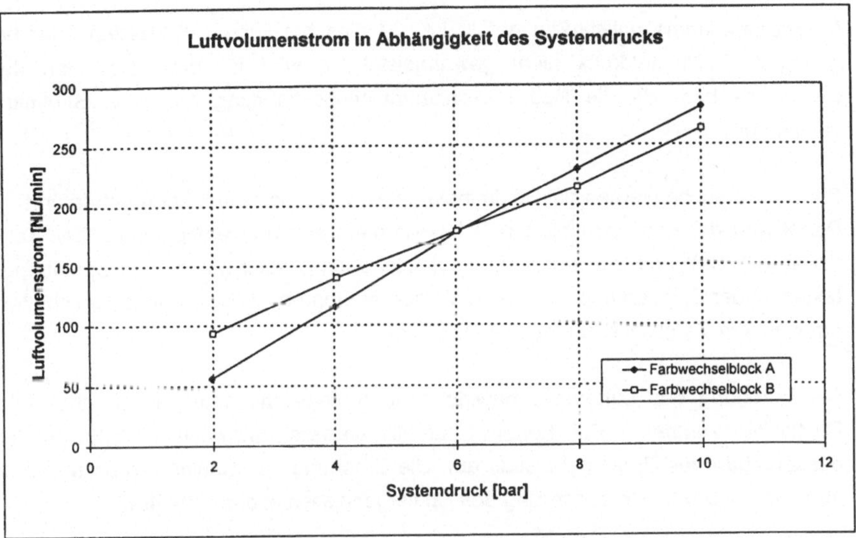

Abb. 44: Luftvolumenstrom in Abhängigkeit vom Druck

6.2.4 Einfluß der Druckeinstellungen auf den Spülvorgang

Der grundlegende Einfluß des Spülmittel- und Luftdrucks auf den Spülvorgang wird am Beispiel des Farbwechselblocks A und dem Wasserlack Uni-blau untersucht. Die Durchführung der Parameteruntersuchungen erfolgt mit der Vorgehensweise:

„Messen zu definierten Zeiten“

Dies ist für Vergleichszwecke zwingend erforderlich. Bei dieser Vorgehensweise wird der Spülvorgang mit Spülmittel- und Lufttakten nach einer definierten Zeit abgebrochen. Anschließend wird für die Meßwertaufnahme der Restlack nur noch mit Spülmittel ausgespült. Bei der Auswertung können diese Meßwerte der einzelnen Spülversuche dann zu einem bestimmten Zeitpunkt hinsichtlich der „Größe des Leitwerts“ bzw. der Konzentration der Restfarbe verglichen werden.

Definition: 1 Spüldoppeltakt (Dt.) = 1 Takt Luft + 1 Takt Spülmittel

Beim Reinigungsvorgang eines Farbwechselsystems können grundsätzlich nur dann reproduzierbare und aussagefähige Meßwerte für die konduktometrische Konzentrationsbestimmung erhalten werden, wenn der Leitwertsensor während der

Meßwertaufnahme vollständig gefüllt ist. Da dies bei kurzen Taktzeiten oder bei geringem Spülmitteldruck nicht gewährleistet ist, wird für das Ausspülen des Restlackes bzw. für die Restlackkonzentrationsbestimmung nur noch Spülmittel verwendet.

Die Spülversuche werden bei Spülmitteldrücken von 4 bar und 6 bar durchgeführt. Dabei wird der Farbwechselblock A jeweils nach einem Spüldoppeltakt (2s), Taktdauer je 1 Sekunde, nur noch mit Spülmittel durchgespült (nach zwei Spüldoppeltakten ist der Spülvorgang für diesen Versuchsaufbau bereits zu weit fortgeschritten, um konkrete Vergleiche anstellen zu können).

Die Erhöhung des Luftdrucks bewirkt eine Verringerung des Leitwerts bzw. der Restlackkonzentration. Bei höheren Luftdrücken treten nur noch geringfügige Verbesserungen des Spülergebnisses auf. Die Erhöhung des Spülmitteldrucks bewirkt aber eine deutliche Verbesserung des Spülergebnisses (siehe Abb. 45).

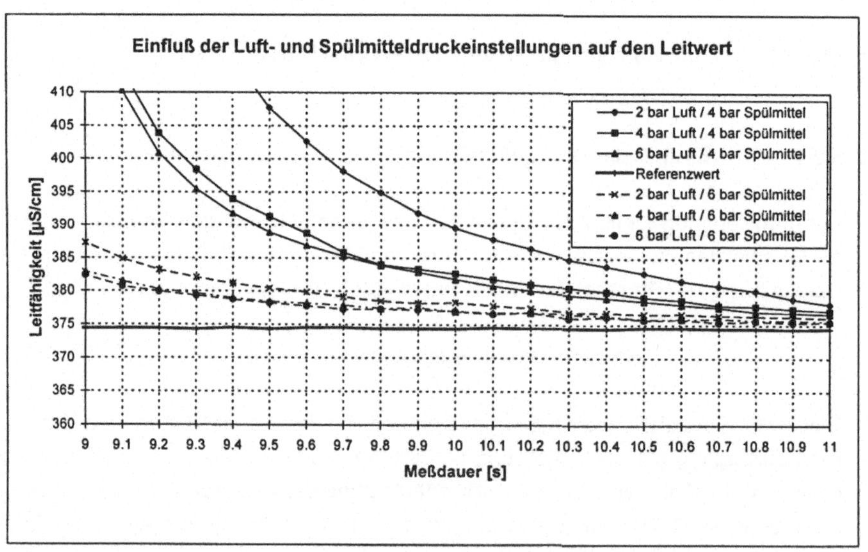

Abb. 45: Einfluß der Druckeinstellungen nach einem Spüldoppeltakt

Werden die Meßwertreihen in Abbildung 45 an einem festen Zeitpunkt („Messen zu definierten Zeiten") z.B. bei 9,5 Sekunden betrachtet, ergibt sich die Abhängigkeit des Leitwerts vom Luft- und Spülmitteldruck (siehe Abb. 46, Seite 85).

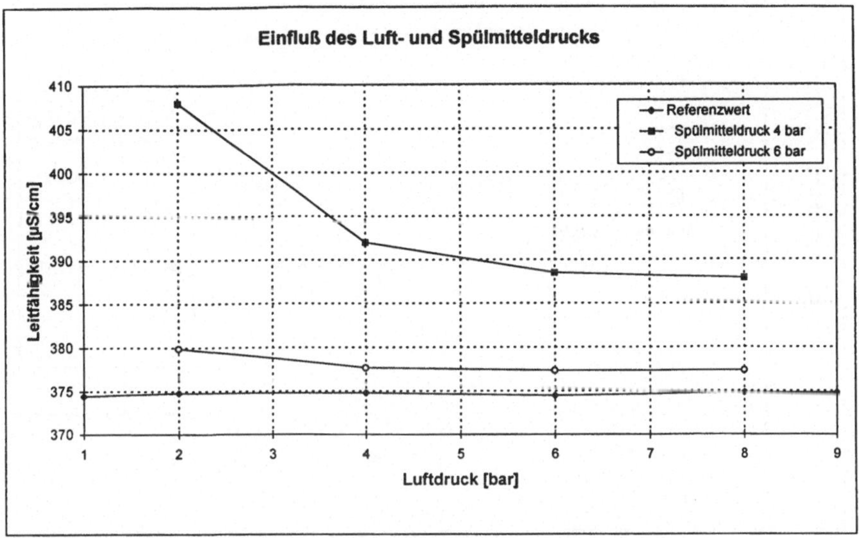

Abb. 46: Leitwert in Abhängigkeit vom Luft- und Spülmitteldruck nach einem Doppeltakt und einer Zeit von 9,5 s

Es zeigt sich, daß durch eine Erhöhung des Spülmitteldrucks ein besseres Spülergebnis erzielt wird. Bei einer Erhöhung des Luftdrucks tritt nur bis 6 bar eine wesentliche Verbesserung auf. In den weiteren Versuchen werden deshalb die Reinigungsvorgänge nur noch für Luftdrücke bis 6 bar untersucht.

6.2.5 Einfluß des Wasserbasis-Versuchslacks

Um den Einfluß der zwei verschiedenen Versuchslacke aufzuzeigen, werden die Spülversuche sowohl mit dem Metallic-silber-Lack, als auch mit dem Uni-blau-Lack durchgeführt (Luftdruck 6 bar, Spülmitteldruck 4 bar).
Der Vergleich der Spüldauer bezüglich der Andrückfarbe ergibt, daß die Farbe bei produktionstypischen Spülmitteldurchflüssen keinen erheblichen Einfluß auf die Spülzeit hat (siehe Abb. 47, Seite 86).
Im Vergleich der beiden Farbwechselblöcke A und B (mit Originaldüse 0,7 mm) ergibt sich, daß der Referenzwert beim FWB A schon nach 3 Doppeltakten erreicht wird, während beim FWB B 4 Doppeltakte benötigt werden. Ein Grund dafür ist der niedrigere Spülmitteldurchfluß, der durch den kleinen Querschnitt der Düse (hoher Druckverlust) erzeugt wird (siehe Abb. 48, Seite 86).

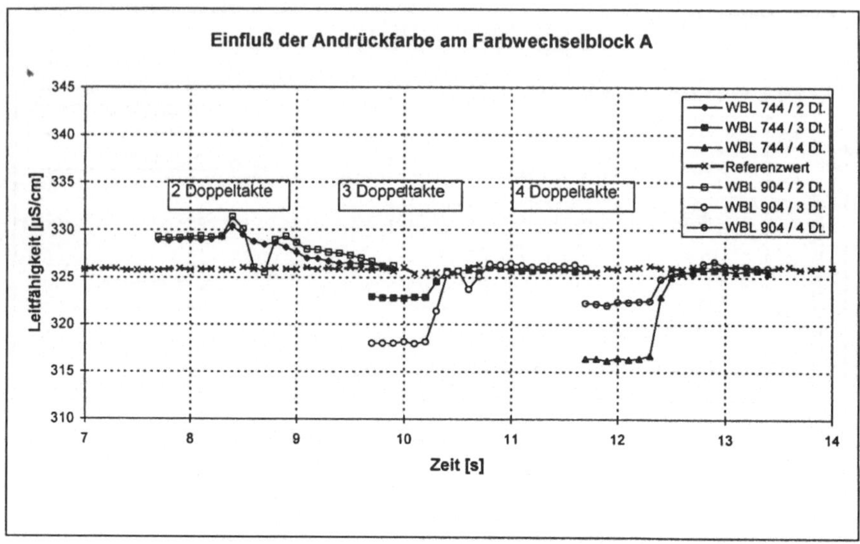

Abb. 47: Einfluß der Farbe am FWB A (Ventil-Innendurchmesser: 4 mm)

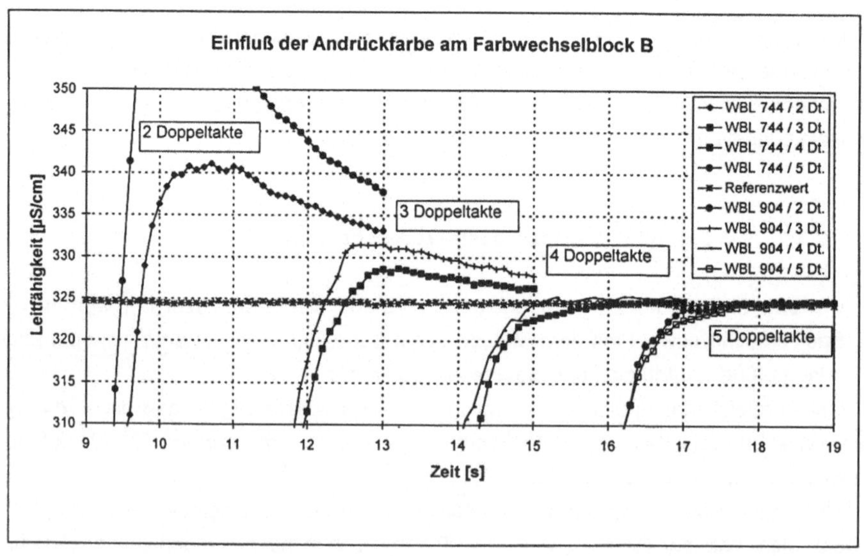

Abb. 48: Einfluß der Farbe am FWB B (Ventil-Innendurchmesser: 0,7 mm)

6.2.6 Reinigung nur mit Spülmittel

Um konkrete Unterschiede bei den Spülversuchen herauszustellen, werden beide Farbwechselblöcke nach dem Andrücken mit den Versuchslacken Uni-blau und Metallic-silber zunächst nur mit Spülmittel gereinigt (homogene Srtömungsverhältnisse). Bei unterschiedlichen Spülmitteldrücken (2, 4 und 6 bar) wird über die Leitwertmessung die jeweilige Spüldauer des zu untersuchenden Farbwechselblocks ermittelt. In Abbildung 49 werden am Beispiel des FWB B mit der Andrückfarbe Uni-blau die Meßwerte der Spülversuche aufgezeigt.

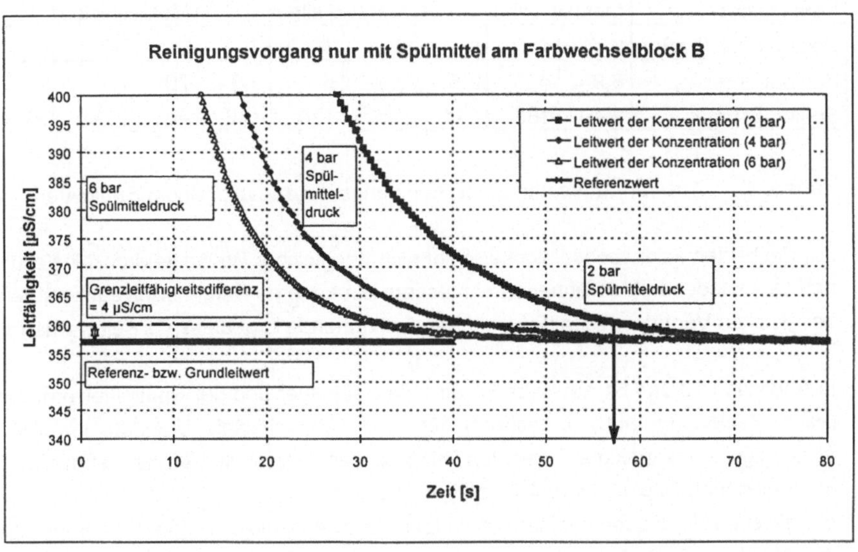

Abb. 49: Leitwertmessung bei Spülversuchen ohne Lufttakte am Beispiel des FWB B und der Andrückfarbe Uni-blau

Bei all diesen Spülversuchen wird die Spüldauer nach Gleichung (6.4) für eine Grenzleitfähigkeitsdifferenz $\Delta\kappa_G$ von 4 µS/cm ermittelt (gespülter Zustand). Die Grenzleitfähigkeitsdifferenz $\Delta\kappa_G$ entspricht dann einer ca. 0,01 %-igen Farbrestkonzentration. Dadurch ist eine ausreichende Reinigung gewährleistet (vgl. Kap. 6.1, Seite 76).

Die Auswertung der durchgeführten Versuche für zwei verschiedene Ventilinnendurchmesser bei der Reinigung mit reinem Spülmittel wird in Tabelle 7 auf Seite 88 aufgezeigt:

	Farbwechselblock A Ventil-ϕ 4 mm			Farbwechselblock B Ventil-ϕ 4 mm			Farbwechselblock B Ventil-ϕ 0,7 mm		
Versuchslack	Uni-blau			Uni-blau			Uni-blau **(Abb.: 49)**		
Spülm.druck [bar]	2	4	6	2	4	6	2	4	6
Spüldauer [s]	9,7	5	3,5	9,5	4,9	3,5	57,2	42	32,4
Spülm.verbr. [ml]	211	163	145	203	161	147	347	344	321

	Farbwechselblock A Ventil-ϕ 4 mm			Farbwechselblock B Ventil-ϕ 4 mm			Farbwechselblock B Ventil-ϕ 0,7 mm		
Versuchslack	Metallic-silber			Metallic-silber			Metallic-silber		
Spülm.druck [bar]	2	4	6	2	4	6	2	4	6
Spüldauer [s]	8,9	4,7	3,5	8,4	5	3,3	70	47	29,8
Spülm.verbr. [ml]	205	160	144	228	180	142	426	391	297

Tabelle 7: Auswertungsdaten beim Reinigungsvorgang mit reinem Spülmittel

Für die beiden Farbwechselblöcke ergibt sich bei gleicher Spülmitteldruckeinstellung und verschiedenen Ventilinnendurchmessern ein anderes Durchflußniveau, während bei gleichen Ventilquerschnitten gut übereinstimmende Ergebnisse erzielt werden.

In Abbildung 50 und 51 auf Seite 89 wird die Spüldauer und der Spülmittelverbrauch (nach Beziehung (4.6) berechnet) für den Versuchslack Uni-blau jeweils in Abhängigkeit des maximal erreichten Durchflusses dargestellt. Für die Meßpunkte ist der zugehörige Spülmitteldruck in [bar] angegeben.
Bei gleichen Ventilquerschnitten der beiden Farbwechselblöcke (gleicher Spülmitteldurchfluß) ergeben sich keine Ergebnisunterschiede. Der Quervergleich des FWB B mit der 0,7 mm Düse ergibt niedere Spülmitteldurchflußwerte und hohe Spülzeiten, während der FWB A niedrigste Spülzeiten bei extrem hohen Spülmitteldurchflüssen erreicht.
Weiterhin wird aufgezeigt, daß eine Erhöhung des Spülmitteldurchflusses auf über 2500 ml/min durch einen größeren Ventilquerschnitt oder Spülmitteldruck eine nur noch minimale Verbesserung bezüglich der Spülzeitverkürzung und der Spülmittelminimierung zur Folge hat.

Grundsätzlich gilt für den Reinigungsvorgang mit reinem Spülmittel:
Je höher der Spülmitteldurchfluß, desto niedriger die Spüldauer und der Spülmittelverbrauch und umso effektiver die Reinigung eines Farbwechselsystems.

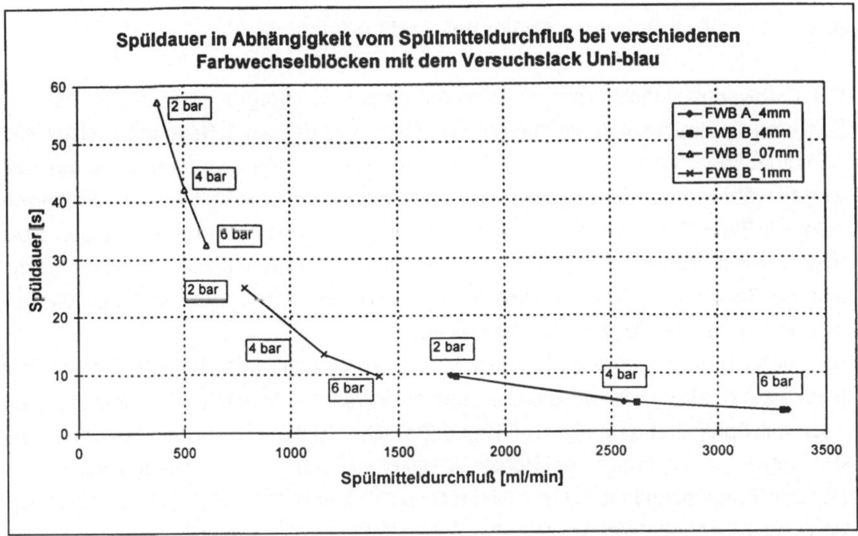

Abb. 50: Spüldauer in Abhängigkeit vom Spülmitteldurchfluß für den Wasserbasislack Uni-blau

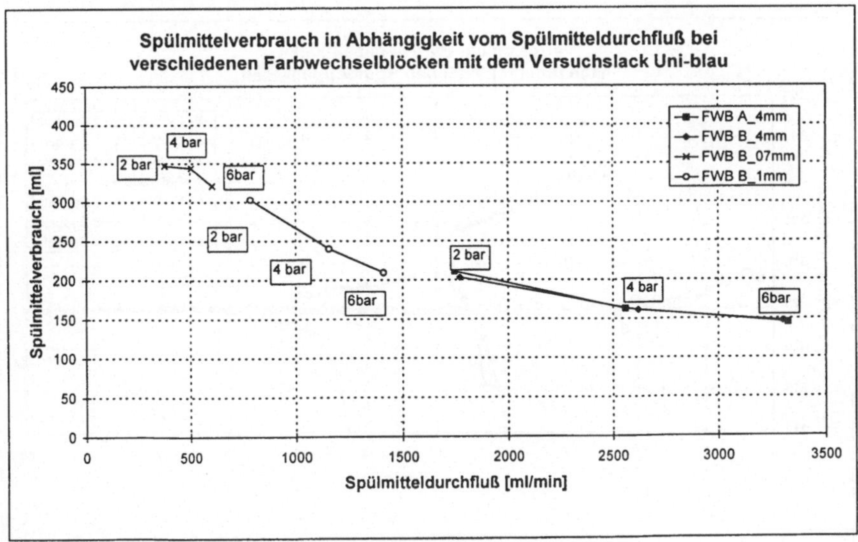

Abb. 51: Spülmittelverbrauch in Abhängigkeit vom Spülmitteldurchfluß für den Wasserbasislack Uni-blau

6.2.7 Reinigung mit Spülmittel- und Lufttakten

Die Farbwechselblöcke werden dabei mit einem Spülprogramm gereinigt, bei dem Luft- und Spülmitteltakte alternieren. Die Taktdauer beträgt 1 Sekunde, welche eine Schaltpause von 0,2 s beinhaltet. Eine reproduzierbare Meßwertaufnahme des Leitwertes während des Spülvorgangs mit Luft- und Spülmitteltakten ist beim Farbwechselblock FWB B für die kleineren Düsendurchmesser aufgrund des geringen Spülmitteldurchflusses nicht möglich. Im System bildet sich infolge der Medienvermischung Schaum, und das Spülmittelvolumen eines Taktes reicht nicht für die vollständige Befüllung des Leitwertsensors aus.

Um einen reproduzierbaren Leitwert κ für den Vergleich der beiden Farbwechselblöcke zu erhalten, wird deshalb nach einer definierten Anzahl von Doppeltakten nur noch mit Spülmittel gereinigt (vgl. Kap.6.2.4). Die Spüldauer ist dann beendet, wenn der Leitwert κ im Bereich der Grenzleitfähigkeitsdifferenz $\Delta\kappa_G$ (4 µS/cm) liegt.

Für den Farbwechelblock B ist dies im Beispiel (siehe Abb. 52) nach ca. 16 Sekunden und 4 Doppeltakten der Fall. Der Spülmitteldurchfluß erreicht einen Wert von ca. 8,5 ml/s; der Spülmittelverbrauch beträgt dabei 62 ml. Der FWB A ist nach 10,5 Sekunden mit 3 Doppeltakten gespült. Zu diesem Zeitpunkt herrscht ein Spülmitteldurchfluß von ca. 42 ml/s. Insgesamt sind 110 ml Spülmittel verbraucht worden.

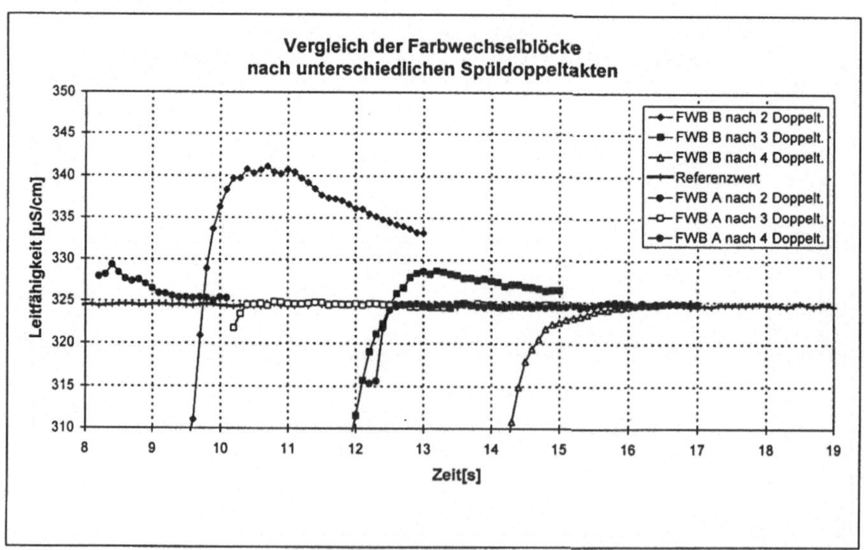

Abb. 52: Vergleich der Spüldauer beider Farbwechselblöcke mit verschiedenen Ventilinnendurchmessern und nach unterschiedlichen Spüldoppeltakten

Der Einfluß des Spülmitteldurchflusses, variiert durch verschiedene Düsenquerschnitte am Spülmittelventil des FWB B wird in Abbildung 53 aufgezeigt. Bei Verwendung der größeren Düse ist das Farbwechselsystem aufgrund des höheren Spülmitteldurchflusses schneller gereinigt. Allerdings steigt auch der Spülmittelverbrauch bei höherem Spülmitteldurchfluß an.

Für die Bewertung der Spülqualität eines Farbwechselsystems ist grundsätzlich festzuhalten, daß sowohl die Spüldauer als auch der Spülmittelverbrauch ausschlaggebend sind. Anhand dieser beiden Kriterien und der durchgeführten Spülversuche muß der Einsatzbereich der Farbwechselblöcke A und B bestimmt werden. Über den Einsatz einer Düse muß von Fall zu Fall neu entschieden werden.

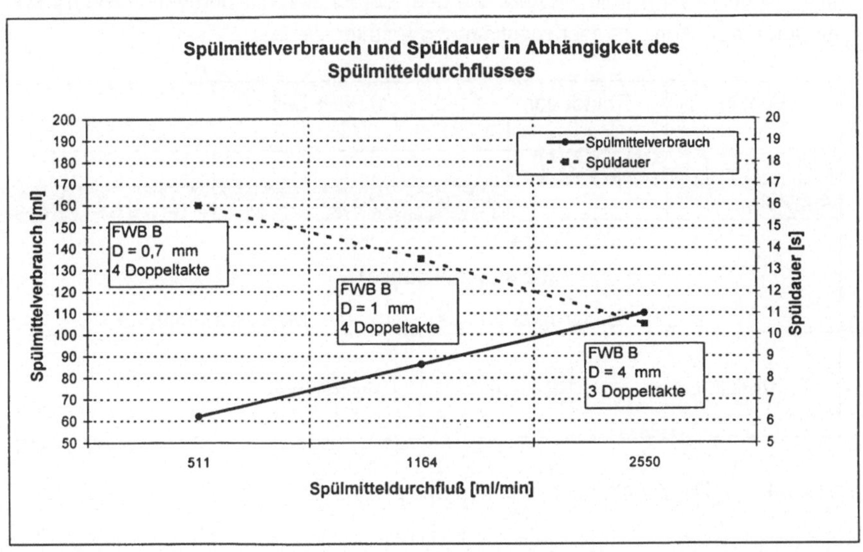

Abb. 53: Einfluß des Düsenquerschnitts am FWB B auf den Spülmittelverbrauch und die Spüldauer

6.3 Optimierung des Spülprogrammes

Das Spülprogramm wird durch die Abfolge der Luft- und Spülmitteltakte, durch die Taktdauer sowie durch die vorgegebene Schaltpause festgelegt. Die Dauer der Schaltpause ist für alle pneumatischen Ventile des Farbwechselsystems einheitlich auf 0,2 s festgelegt. Dadurch wird sichergestellt, daß am Farbwechselblock beim pulsierenden Reinigen mit unterschiedlich hoch angelegten Drücken die Spülmedien getrennt werden.

Die Einflußgrößen auf den Spülvorgang sind die Wahl des Anfangstaktes, und die Taktdauer. Diese beiden Parameter werden mit dem Farbwechselblock A, dem Wasserbasislack Uni-blau und einem alternierenden Spülprogramm untersucht. Das Farbwechselsystem wird mit dem Wasserbasislack Uni-blau gefüllt. Nach unterschiedlich vielen alternierenden Luft- und Spülmitteltakten mit einer Gesamtzeit von 4 s wird das Spülprogramm abgebrochen (siehe Abbildung 54). Die Druckeinstellungen des Spülvorgangs sind für Spülmittel und Luft jeweils 3 bar.
Für die Bewertung wird der im System bleibende Restlack anschließend mit Spülmittel (3 bar) ausgespült. Dadurch werden reproduzierbare und vergleichbare Messungen für die Konzentrationsbestimmung erzeugt.

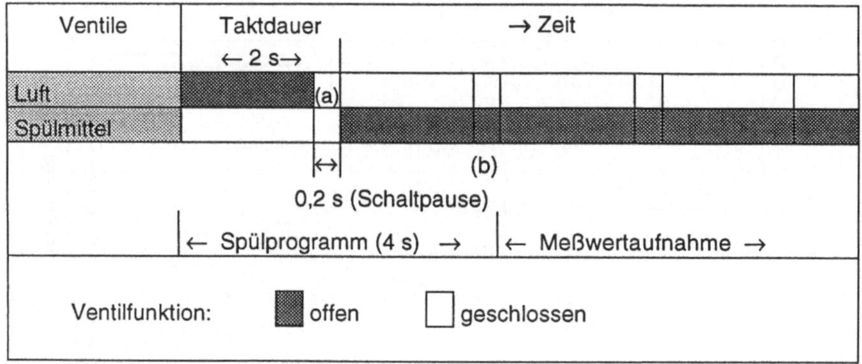

Abb. 54: Die Schaltpause in einem Spülprogramm

Ein Spülprogramm mit alternierenden Luft- und Spülmitteltakten und einer Gesamtdauer von 4 s kann mit dem Farbwechselsteuerungsprogramm durch folgende sinnvolle Taktzeitvarianten generiert werden (siehe Tabelle 8-10):

Z1	Progammdauer		[s]	4	4	4	4
Z2	Schaltpause pro Takt		[s]	0,2	0,2	0,2	0,2
Z3	Anzahl der Takte		[-]	2	4	8	10
Z4	Taktdauer	(Z1 / Z3)	[s]	2	1	0,5	0,4
Z5	Ventilöffnungszeit pro Takt	(Z4 - Z2)	[s]	1,8	0,8	0,3	0,2

Tabelle 8: Mögliche Taktzeiten (Taktdauer) für ein Spülprogramm von 4 Sekunden

Während der Programmdauer von 4 s ergeben sich bei verschiedenen Anfangstakten Gesamtöffnungszeiten für das Spülmittel und Gesamtschaltpausen von:

Z6	1. Takt Spülmittel	(Z3 / 2)*(Z5)	[s]	1,8	1,6	1,2	1
Z7	1. Takt Luft	(Z6 + Z2)	[s]	2	1,8	1,4	1,2

Tabelle 9: Gesamtöffnungszeit für Spülmittel (Programmdauer 4 s)

Z8	1.Takt Spülmittel	(Z2 * Z3)	[s]	0,4	0,8	1,6	2
Z9	1.Takt Luft	(Z8 - Z2)	[s]	0,2	0,6	1,4	1,8

Tabelle 10: Gesamtzeit der Schaltpausen (Programmdauer 4 s)

6.3.1 Einfluß der Taktdauer und des Anfangstaktes

In Abbildung 55 wird der prinzipielle Einfluß der Taktzeit am Beispiel von 2 und 0,5 s und die Wahl des Anfangstaktes auf die Spüldauer und die Spülqualität gezeigt.

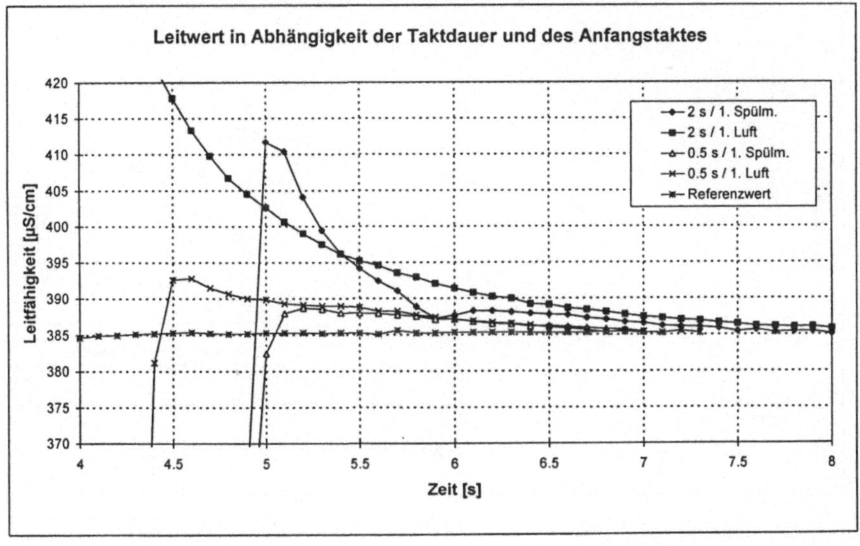

Abb. 55: Meßkurven für Taktzeiten von 0,5 s und 2 s sowie für unterschiedliche Anfangstakte

Die Spüldauer bzw. der gespülte Zustand wird wieder bei einer Grenzleitfähigkeitsdifferenz $\Delta\kappa_G$ von 4 µS/cm festgelegt. Für diesen Zustand wird dann der jeweilige Spülmittelverbrauch ermittelt.

Es zeigt sich, daß sowohl durch die Wahl eines Spülmittelanfangstakts als auch durch die kürzeren Taktzeiten eine Verringerung der Spüldauer und des Spülmittelverbrauchs erreicht wird.
Bei Taktzeiten über 0,5 Sekunden empfiehlt sich zur Spülmittelreduzierung der Beginn mit einem Spülmitteltakt, obwohl die Gesamtöffnungszeit der Ventile um 0,2 s kürzer ist, als bei Beginn mit einem Lufttakt (vgl. Tabelle 9).

Das bessere Spülergebnis wird wie folgt erklärt:

1. Die Verdünnungs- und Lösevorgänge beginnen um die Dauer eines Taktes eher als beim Spülbeginn mit Druckluft (siehe Abb. 56 und Abb. 57, Seite 95).
2. Bei gleicher Gesamtspüldauer ergibt sich für einen Spülversuch mit einem Spülmittelanfangstakt ein Phasenwechsel mehr als mit einem Druckluftanfangstakt.

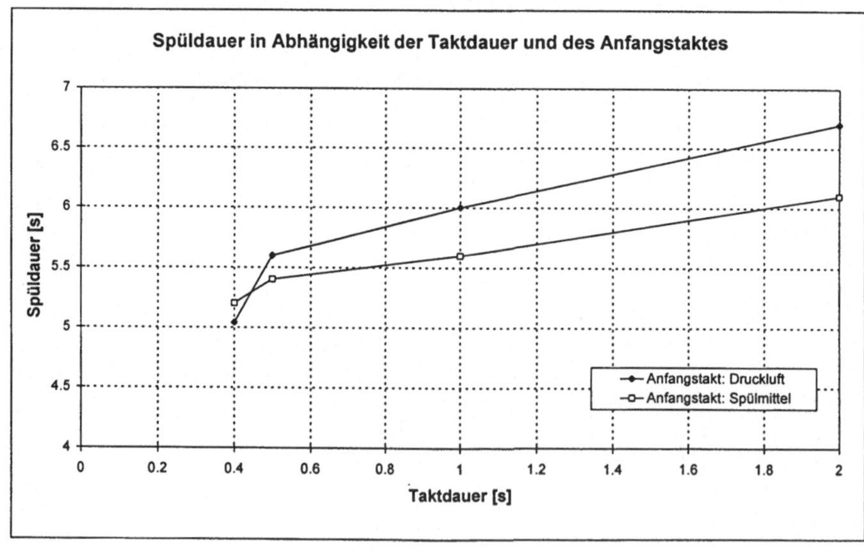

Abb. 56: Spüldauer in Abhängigkeit von der Taktdauer und dem Anfangstakt

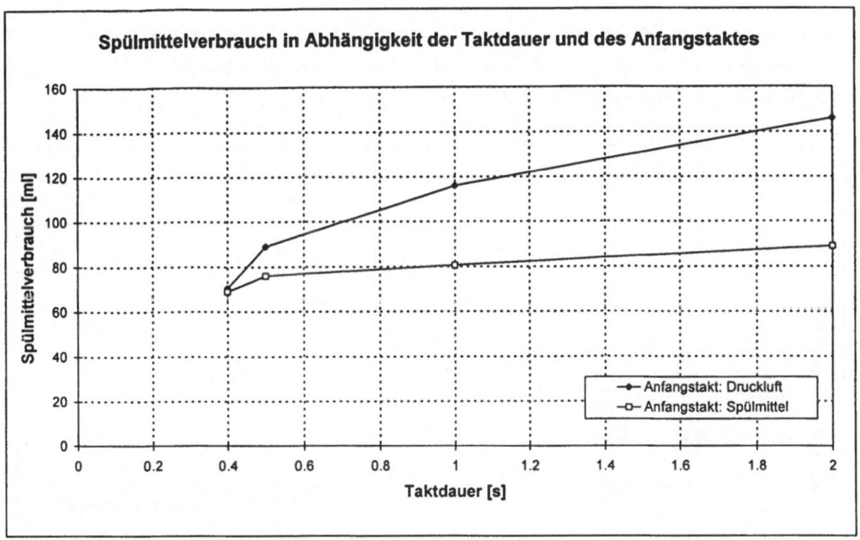

Abb. 57: Spülmittelverbrauch in Abhängigkeit von Taktdauer und Anfangstakt

Bei einem Spülmittelanfangstakt durchströmen die verschiedenen Medien das Farbwechselsystem in der Reihenfolge: Lack, Spülmittel, Luft, Spülmittel. An einer feststehenden Stelle im Farbwechselsystem (z.B. am Leitwertsensor) ergeben sich damit drei Phasenwechsel.
Bei einem Druckluftanfangstakt wechseln sich der Reihe nach die Phasen Lack, Luft und Spülmittel ab. Damit ergeben sich nur zwei Phasenwechsel.

Die Anzahl der Phasenwechsel bzw. die Anzahl der durch die Schaltpause erzeugten Pulse sind ausschlaggebend für die Spüldauer sowie für den Spülmittelverbrauch.
Dies wird durch die besseren Spülergebnisse bei kürzeren Taktzeiten gezeigt. Es ergeben sich dabei bei gleicher Gesamtdauer des Spülprogramms wesentlich mehr Phasenwechsel. Die Spüldauer des Farbwechselsystems verkürzt sich, obwohl die Gesamtzeit der Schaltpausen dann bis zu 50% der Programmdauer beträgt (vgl. Tabelle 10).
Für die hier durchgeführten Versuche mit Luft- und Spülmitteltakten wird beim Spülvorgang ein Optimum bei einer Taktdauer von 0,4 Sekunden erreicht.

Einer weiteren Verbesserung des Spülergebnisses durch noch kleinere Taktzeiten wirkt die Schaltverzögerungszeit der Ventile entgegen. Mit einer Taktdauer von 0,3

Sekunden (0,2 s Schaltpause des Ventils und 0,1 s Öffnungszeit des Ventils) wird dies in Abbildung 58 gezeigt. Für jedes Wertepaar (Verbrauch / Dauer) eines durchgeführten Spülversuchs ist die zugehörige Taktdauer in [s] angegeben.

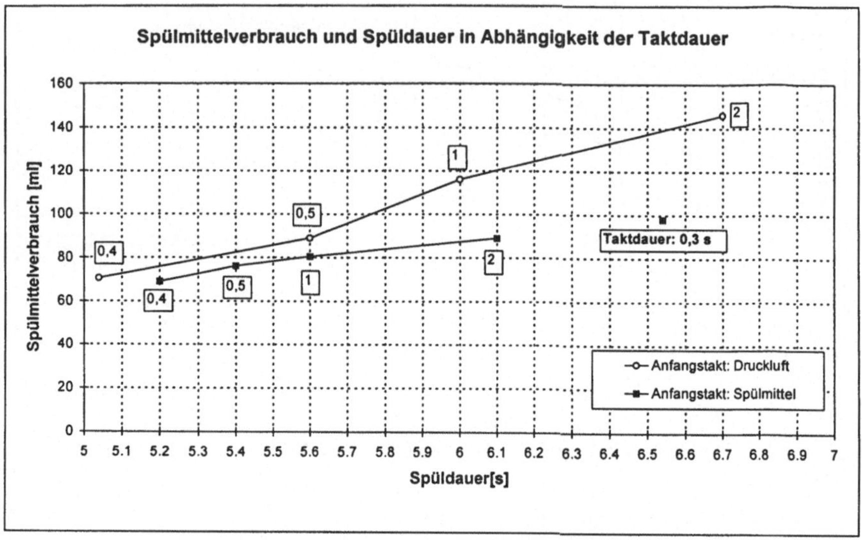

Abb. 58: Portfolio des Spülmittelverbrauchs und der Spüldauer

Das anzustrebende Idealwertepaar (Spüldauer/Spülmittelverbrauch) würde hier am Nullpunkt des Koordinatensystems liegen. Grundsätzlich zeigt sich für den Reinigungsvorgang, daß der Einfluß des Anfangtaktes mit steigender Anzahl der Takte (bzw. bei kurzer Taktdauer) verringert wird, und daß bei einer vorgegebenen Spüldauer die Anzahl der Takte (Phasenwechsel) ausschlaggebend sind.

6.3.2 Spülung mit kontinuierlichem Druckluft- und Spülmittelstrom

Bei der Reinigung mit einem Luft-Spülmittelgemisch ist vor allem die strömungsmechanische Wechselwirkung zwischen den Phasen maßgebend. Die Zweiphasenströmung mit kontinuierlichem Druckluft- und Spülmittelstrom wird am FWB A erst durch das gleichzeitige Öffnen der gegenüberliegenden Ventile von Druckluft und Spülmittel erzeugt (siehe Abb. 30, Seite 68 und Abb. 41, Seite 80). Danach wird das Druckluft- und Spülmittelventil durch einen speziell entwickelten Vormischspülblock der Fa. APSON GmbH ersetzt (siehe Abb. 59, Seite 97).

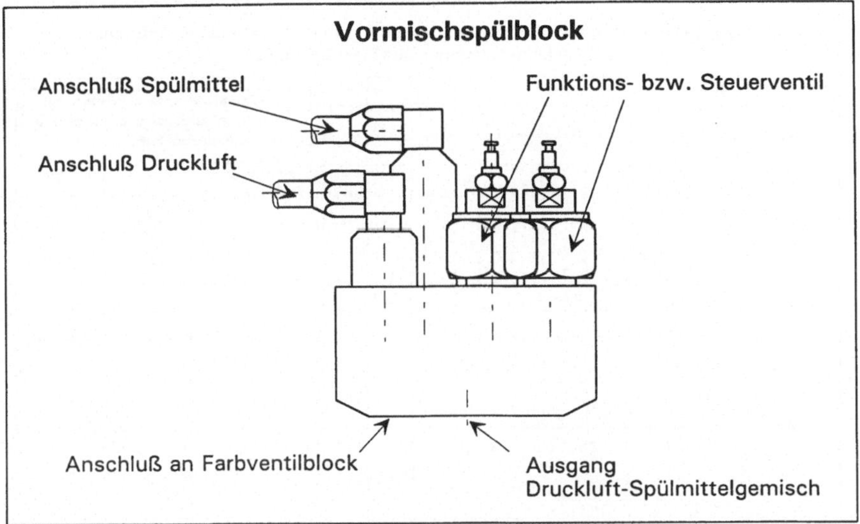

Abb. 59: Schematische Darstellung des Vormischspülblocks

Das Zweiphasengemisch wird im Vormischspülblock durch die Einspeisung des Spülmittels in den Luftkanal erzeugt. Der Versuchs-Wasserbasislack ist Metallic-silber. Zur Bestimmung der Spülqualität wird das System 4 s gespült und nach einer Pause von 2 s nur noch mit Spülmittel gereinigt.

Die Ergebnisse in Bezug auf die Spülqualität werden der alternierenden Spülung bei einer Taktdauer von 0,4 s gegenübergestellt (siehe Abb 60, Seite 98).
Es zeigt sich, daß bei kontinuierlicher Reinigung mit einem Zweiphasen-Luft-Spülmittelgemisch eine Verkürzung der Spülzeit zu erreichen ist. Das gleichzeitige Öffnen des Druckluft- und Spülmittelventils am Farbwechselblock erzielt gegenüber der alternierenden Spülung nur eine Spülzeitverkürzung um ca. 0,5 s. Unter Verwendung des Vormischspülblocks wird eine deutlichere Verkürzung (> 1 s) erwirkt.

Grund dafür ist nicht nur die bessere Reinigungskraft durch die Wechselwirkung zwischen den Phasen, sondern auch der höhere mittlere Spülmitteldurchfluß während der Spülung. In Abbildung 61 auf Seite 98 wird der Spülmittelverbrauch für die verschiedenen Reinigungsarten aufgezeigt. In Anlehnung an die Reinigung mit Luft- und Spülmitteltakten (vgl. Kapitel 6.2.7) wird auch bei dieser Zweiphasenspülart eine Verringerung der Spüldauer nur durch einen höheren Spülmittelverbrauch (Spülmitteldurchfluß) erreicht.

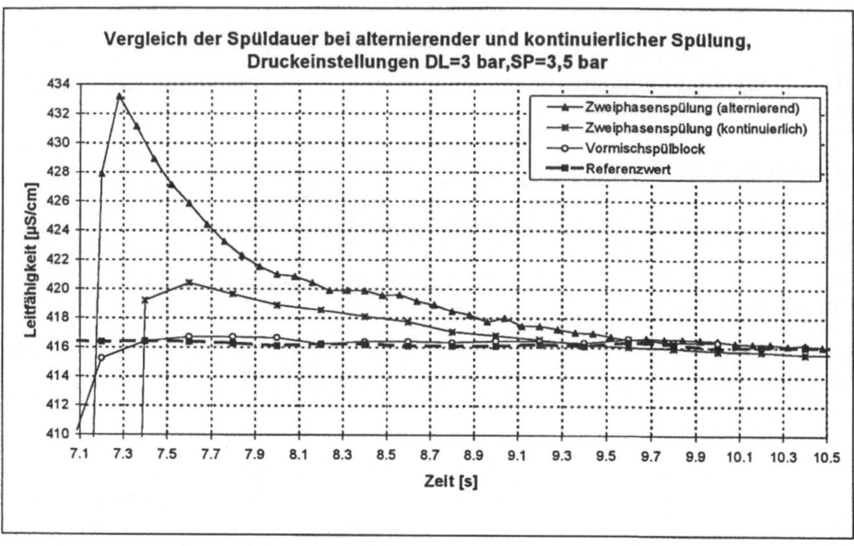

Abb. 60: Vergleich der Spüldauer bei alternierender und kontinuierlicher Spülung

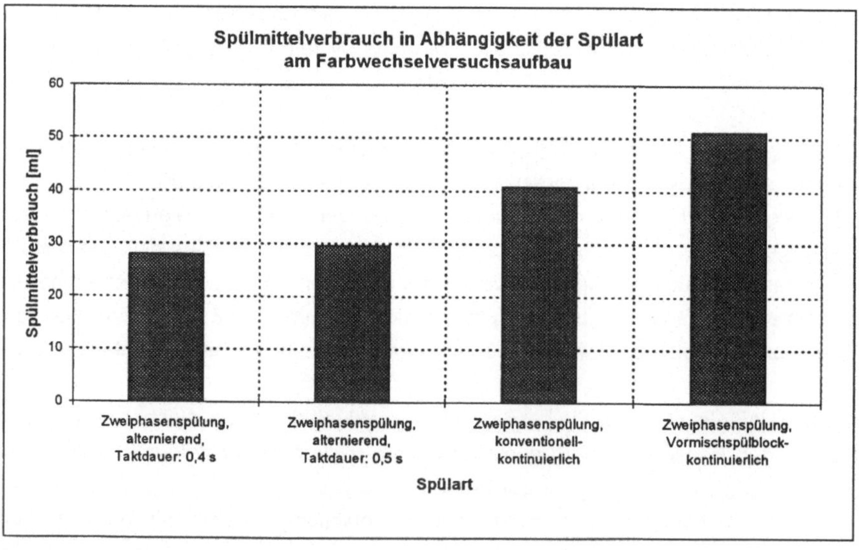

Abb. 61: Vergleich des Spülmittelverbrauchs bei einer alternierenden und einer kontinuierlichen Spülung

6.4 Erkenntnisse aus den Spüluntersuchungen

Der Vergleich der Spülversuche an den Farbwechselblöcken zeigt, daß neben dem Strömungswiderstand andere konstruktive Unterschiede, wie z.B. das Material, die Herstellung oder das Ventilprinzip sowie die Versuchslacke eine untergeordnete Rolle spielen. Die Spüldauer kann jetzt über die konduktometrische Bestimmung der Farbkonzentration im Spülmittel ermittelt werden.

Bei der Einphasenspülung (nur Spüllösung) ist festzustellen, daß für kurze Spülzeiten grundsätzlich eine hohe Strömungsgeschwindigkeit im Farbwechselsystem entscheidend ist. Der Versuchslack Uni-blau bewirkt aufgrund der geringfügig niedrigeren Viskosität am FWB B nur bei reinigungsuntypischen und geringeren Spülmitteldurchflußmengen eine Verkürzung der Spüldauer.

Bei Spülprogrammen mit alternierenden Luft- und Spülmitteltakten werden durch die Lufttakte die Spülmittelvolumina der Spülmittelphasen regelrecht durch das Farbwechselsystem hindurch katapultiert. Dadurch wird eine Verkürzung der Spüldauer, eine Verringerung des Spülmittelverbrauchs und damit ein verbessertes Spülergebnis erreicht. Es gilt: Je turbulenter die Strömung, desto effektiver die Reinigung. Der Anfangtakt muß ein Spülmitteltakt sein. Durch die Erhöhung der Taktanzahl bei einer vorgegebenen Spülzeit, wird das System schneller gereinigt. Eine weitere Verkürzung der Spüldauer durch Erhöhung des Spülmitteldurchflusses kann nur bei gleichzeitig höherem Verbrauch erreicht werden.

Für die Bewertung der Spülqualität des Farbwechselsystems mit der Komponente Farbwechselblock stehen die Spüldauer und der Spülmittelverbrauch im Vordergrund. Anhand der durchgeführten alternierenden Spülversuche sollte der Farbwechselblock A nur bei geforderten kurzen Spülzeiten (z.B. hohe Förder- bzw. Bandgeschwindigkeiten) eingesetzt werden, während der Farbwechselblock B mit der Spülmitteldüse seinen Anwendungsbereich eher dort findet, wo die Anforderungen an die Spülzeit eine untergeordnete Rolle spielen.

Bei der Reinigung mit einem kontinuierlichen Zweiphasengemisch wird durch die zusätzliche Wechselwirkung zwischen den Phasen und dem höheren mittleren Spülmitteldurchfluß eine weitere Verkürzung der Spüldauer gegenüber der alternierenden Spülung mit 0,4 s Taktdauer erreicht. Der kürzeren Spülzeit steht aber ein höherer Spülmittelverbrauch entgegen. Die kontinuierliche Zweiphasenspülung sollte deshalb nur bei extrem kurz geforderten Spülzeiten eingesetzt werden.

7 Umsetzung der automatischen Farbwechsel- und Spültechnik in spezialisierten Anwendungen

7.1 Industrielle Anwendung

Der Einsatz und die Anwendung der Farbwechsel- und Spültechnik in automatischen Großlackieranlagen ist eher unproblematisch anzusehen. Vorhandene Lackierautomaten sind größtenteils mit den automatischen Farbwechselkomponenten und einer effektiven, lackierzonenspezifischen Applikationstechnik ausgestattet.
Sie müssen in erster Linie den Rahmenbedingungen (Lackleitungs- und Luftdruck, Lackleitungslänge, Anzahl der verschiedenen Lacke, Viskosität, Farbversorgungsaufbau und -system, Fördergeschwindigkeit, usw.) angepaßt werden, um weitere Einsparungen durch Automatisierung zu erzielen.

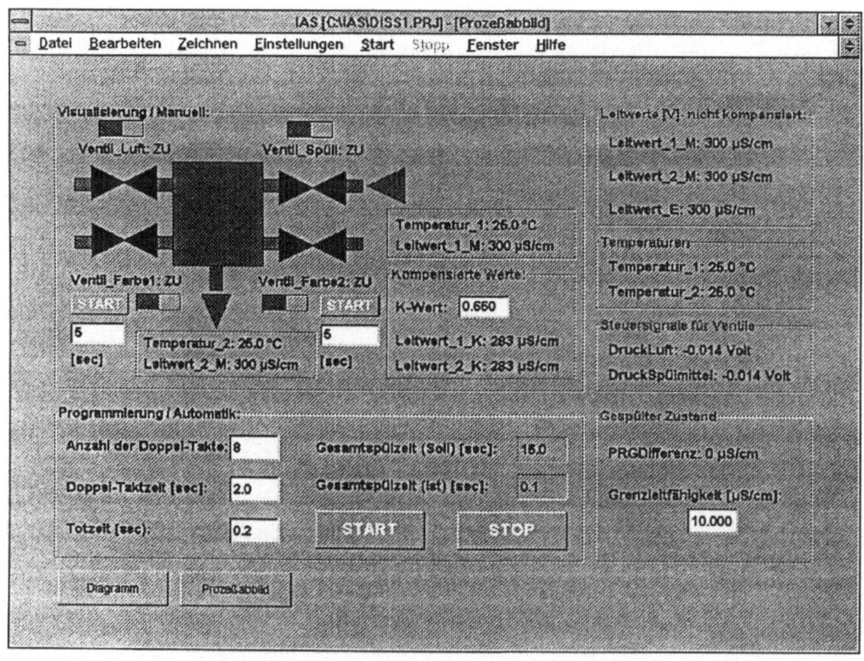

Abb. 62: Schematischer Aufbau des Farbwechselsystems zur Prozeßüberwachung beim Reinigungsvorgang

Für den Einsatz der Farbwechsel- und Spültechnik in der Automobilindustrie, wo vor allem die Lack- und Lösemittelreduzierung, aber auch die Farbwechselgeschwindigkeit im Vordergrund stehen, sind insbesondere die entstehenden Druckverluste zur Auslegung der Installation, die Spülprogrammoptimierung und die Grenzkonzentration des „gespülten Zustandes“ zur Spülzeit- und Spülmittelminimierung wichtig. Ziel einer weiteren Anlagenautomatisierung ist ein Überwachungssystem, das mit Sensoren in der Spülmittel- und Rückführungsleitung beim Erreichen des gespülten Zustandes einen automatischem Spülabbruch auslöst. Dies wird durch den Einsatz der Leitfähigkeitssensoren in die Praxis umgesetzt.

In Abbildung 62 auf Seite 100 wird die Anordnung der Sensoren und der schematische Systemaufbau anhand eines Programmier- und Entwicklungssystems dargestellt. Das Meßfenster (200 µS) der beiden Sensoren ist mittels einer verstellbaren Zellkonstante (Einschraubtiefe der Spindel) frei wählbar. Das heißt, daß der Bereich des gespülten Zustandes für jedes leitfähige Spülmedium optimal eingestellt werden kann. Mittels einer spülbaren Sensorarmatur wird sichergestellt, daß die Lackreste ausgespült werden und somit die Spülergebnisse nicht verfälschen. Der Temperatursensor wird in die Spindel integriert, um zeitgleiche Signale abgreifen zu können. Ferner werden dadurch Hinterschneidungen und höhere Strömungswiderstände vermieden (siehe Abb. 63).

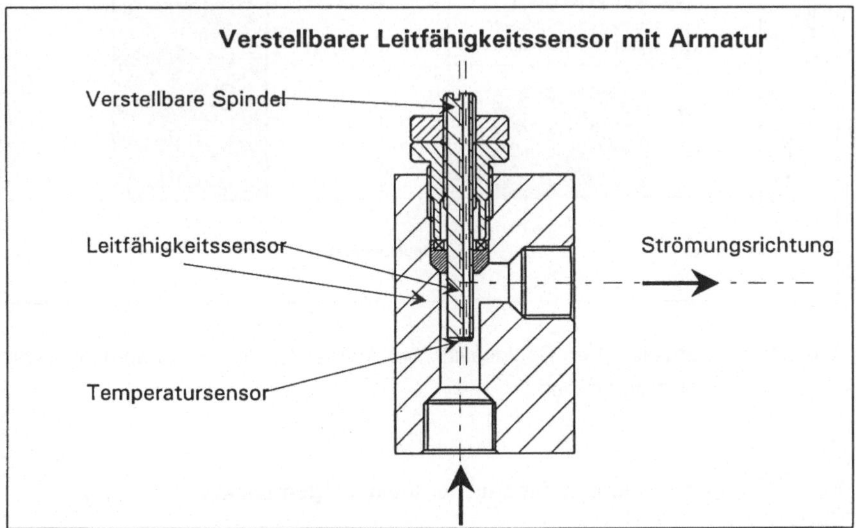

Abb. 63: Verstellbarer Leitfähigkeitssensor

In Abbildung 64 wird für eine Lackleitung eine Abschätzung des Spülmittelverbrauchs (Spülmitteldurchfluß ca. 3l/min bei ca. 6 bar Systemdruck) und der Spüldauer bei einem reinen Ablaufspülprogramm (Spüldauer: 20 s; Taktdauer: 1 s) sowie einem automatischen Spülabbruch nach 16 s beim gespülten Zustand (Grenzleitfähigkeit: 10 µS/cm entspricht einer Restlackkonzentration von 0,03 %) dargestellt. Daraus resultiert natürlich ein geringerer Spülmittelverbrauch (Kosteneinsparung) bei einer kürzeren Spüldauer. Somit stellt der Aufbau und Betrieb des Farbwechselprüfstands eine fundierte Basis zur Zusammenarbeit mit der Automobilindustrie dar (vgl. Kapitel 4). Durch die Erarbeitung der Grundlagen der Farbwechseltechnik kann jetzt die optimale Auslegung der Farbversorgung bestehender sowie neuer Anlagen vorab rechnerisch und simulativ ermittelt werden, um produktiver, verlustärmer und umweltschonender zu arbeiten.

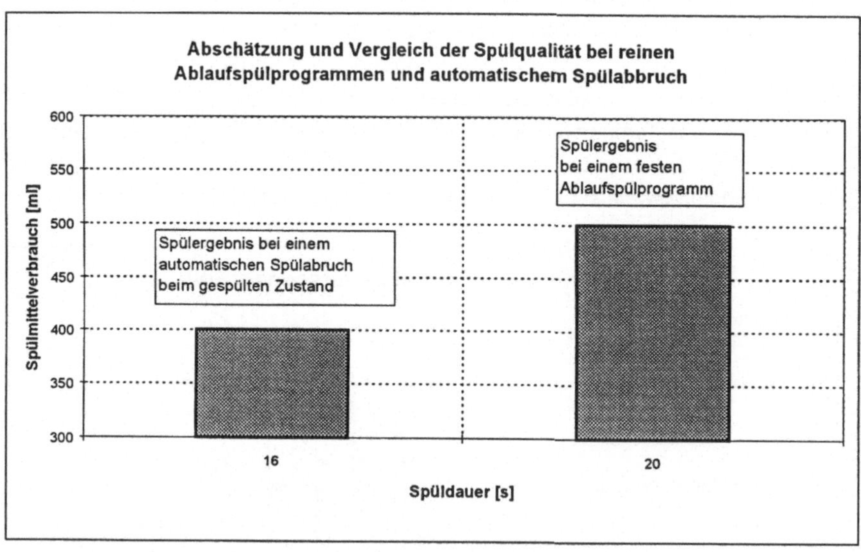

Abb. 64: Vergleich der Spülqualität bei konventionellen und automatisierten Spülprogrammen

7.2 Anwendung bei manueller Kleinmengen-Lackverarbeitung

Während bei Großserienlackierungen nahezu alle Arbeitsabläufe der Beschichtungsprozesse weitgehend automatisiert werden konnten, ist dies in anderen Industriezweigen bisher nur in sehr geringem Umfang gelungen. In Betrieben mit manueller Kleinmengen-Lackverarbeitung kann die Farbwechsel- und Spültechnik dem Anwender bzw. Handlackierer durch eine automatisierte Handlackierstation nutzbar gemacht werden, indem die Vorteile und neuesten Ergebnisse dieser Untersuchungen in die Planung und den Aufbau einer solchen Anlage miteinfließen.

Zur Bearbeitung kleiner Losgrößen, wie dies für Lackierereien mittelständisch strukturierter Betriebe typisch ist, überwiegt nach wie vor die rein manuelle Arbeitsweise. Diese hat neben der geforderten Flexibilität, der nahezu vollständigen Auslastung der Fertigungskapazität und der Konkurrenzfähigkeit gegenüber Anbietern derselben Branche auch erhebliche Nachteile aufzuweisen. Es sind dies vorallem:

- Hoher personeller Aufwand für Ansetzen und Bereitstellen der Lackmaterialien sowie für Reinigungsarbeiten bei Lackwechsel und Betriebspausen;
- teilweise hoher Materialverbrauch und hohes Abfallaufkommen infolge nicht mehr verwendbarer Reste;
- erhebliche Emissionen von organischen Lösemitteln bei den häufigen Reinigungsarbeiten und den damit verbundenen physiologischen und ökologischen Belastungen.

Ein Grund dafür ist, daß derartige zweckmäßige automatische Lackiergeräte für die manuelle Arbeitsweise auf dem Markt noch nicht erhältlich sind. Durch den Aufbau eines weitgehend automatischen Lackversorgungssystems mit Komponenten, die in der Automobilindustrie bereits bewährt sind, ist es möglich die Farbwechsel- und Spültechnik für individuelle Systemlösungen auch bei Kleinanwendern einzusetzen. Einerseits bei großer Farbvielfalt für einen schnelleren und materialeinsparenden Farbwechsel und andererseits bei der Anwendung verschiedener Lacksysteme für einen Spülvorgang, der auch mit unterschiedlichen Spülmitteln durchführbar ist.
Durch die Erhöhung des Automatisierungsgrads mit Hilfe dieser Lackwechselanlage werden die nicht ganz zu vermeidenden Lack- und Lösemittelrestmengen in den Schlauchleitungen so gering wie möglich gehalten und eine Kostenersparnis infolge des geringeren Materialverbrauchs und Abfallaufkommens erzielt.

7.2.1 Wirtschaftliche Bedeutung der automatischen Farbwechsel- und Spültechnik für mittelständische Unternehmen

In Lackierbetrieben müssen zur Bearbeitung kleiner Losgrößen mit jeweils unterschiedlicher Lackierung die dazu benötigten Lackmengen für die Auftragsbearbeitung manuell angesetzt und dem Lackierer bereitgestellt werden. Insbesondere 2-K-

Lacke, die in Kleinbetrieben bevorzugt eingesetzt werden, müssen aus betriebstechnischen Gründen für einzelne Farbtöne immer im Überschuß angemischt werden und verursachen damit Restmengen, die nicht mehr zu gebrauchen und als Sonderabfälle zu entsorgen sind. Auf diese Weise entstehen erhebliche Kosten infolge des erhöhten Materialverbrauchs und der zusätzlichen Sondermüllentsorgung. Vor jedem Lackwechsel und bei jeder längeren Betriebsunterbrechung ist es zwingend erforderlich, sämtliche mit Lack in Berührung kommenden Arbeitsmittel wie Spritzpistole, Becher, Schlauchleitungen, Behälter usw. gründlich und vollständig mit organischen Lösemitteln zu reinigen. Die damit verbundenen Belastungen hinsichtlich Schadstoffemissionen (VOC), zusätzlicher Abfall und physiologisch schädliche Wirkungen auf das Personal sind nicht unerheblich.
Die mittelständischen Unternehmen im Bereich der Lackiertechnik befinden sich durch die in Deutschland inzwischen strenge Umweltschutzgesetzgebung in einer schwierigen Situation. Sie sind gezwungen, schwer beherrschbare Lackmaterialien und Prozesse einzusetzen, was die Kosten für das Lackieren im Vergleich zu Konkurrenten aus Ländern mit keinen oder geringeren Auflagen ungünstig beeinflußt. Viele mittelständische Unternehmen investieren daher in die Automatisierung der Lackierprozesse. Diese zum Teil sehr hohen Investitionen können aber nur dann gewinnbringend eingesetzt werden, wenn durch die Automatisierung ein Einsparungspotential gegeben ist. Durch die Integration der Farbwechsel- und Spültechnik in Lackversorgungsstationen wird es ermöglicht, die zur Verarbeitung benötigten Lackmaterialien, auch in geringen Mengen automatisch zu mischen und bereit zu stellen. Bei einer optimalen Anordnung der Farbwechselkomponenten und Verbindungen können die nicht ganz zu vermeidenden Restmengen (z.B. Schlauchvolumen) minimiert werden. Die Wechsel von einem Lackmaterial auf ein anderes erfolgen automatisch. Die zwischen diesen Wechseln und bei Betriebsunterbrechungen erforderlichen Reinigungs- und Spülvorgänge werden auf die Lacke abgestimmt und laufen ebenfalls programmgesteuert ab. Damit können dem Handlackierer die Eigenschaften und Vorteile der automatischen Farbversorgung zunutze gemacht werden. Verbesserungen und Vorteile gegenüber den in der Praxis üblichen Bedingungen sind:

- Automatische Reinigungprozesse im weitgehend geschlossenen System - Verringerung von Lösemittelemissionen, Vermeiden oder weitestgehendes Verringern der direkten Berührung von physiologisch bedenklichen Stoffen, sowie das Einatmen derselben.
- Produktivitätssteigerung durch erhebliches Reduzieren von vielen zeitaufwendigen und manuellen Arbeiten wie Anmischen von Lacken und vor allem das Reinigen der Arbeitsmittel.

- Minimierung des Materialeinsatzes und der Sonderabfälle infolge äußerst geringer Restmengen.
- Humanisierung des Arbeitsplatzes durch die genannten ökonomischen und ökologischen Maßnahmen bzw. Verbesserungen.
- Qualitätssicherung z.B. durch garantiertes Einhalten der vorgeschriebenen Mischungsverhältnisse.

7.2.2 Entwicklung und Aufbau einer manuellen Lackierstation mit einer automatischen Steuerung

In Form einer Versuchsanlage wurde eine modulare Lackwechselanlage aufgebaut, bei der die Lackmaterialien und Hilfsstoffe in geeigneten Behältnissen bereitgestellt, in der vorgegebenen Kombination entnommen, dosiert, gemischt und appliziert werden können. Die gewünschten Lacke werden automatisch aus den Vorratsbehältern entnommen, im richtigen Verhältnis mit Härter gemischt und zur Applikation (Handspritzpistole) geführt. Durch eine automatische Spülanforderung bei einem Lackwechsel, einer längeren Betriebspause und dem Betriebsende wird der Anwender in Kenntnis gesetzt, daß die erforderliche Spülung des Systems erfolgen muß. In Abbildung 65 sind die Grundzüge des Aufbaus grob skizziert.

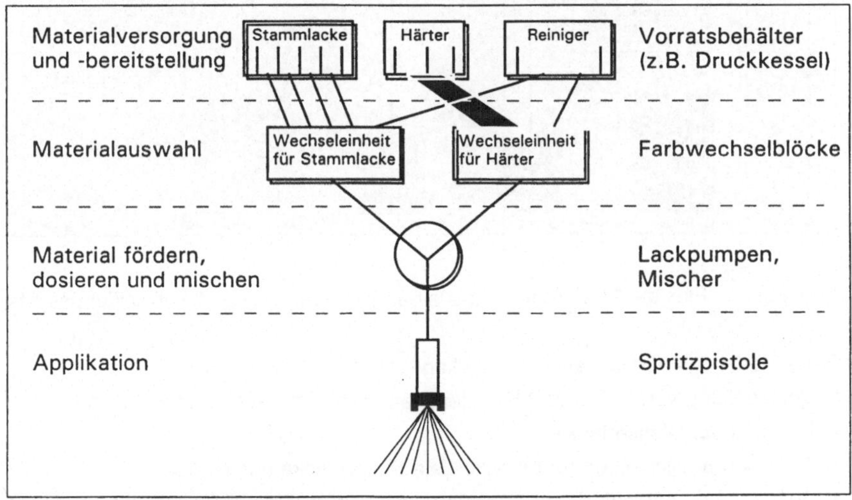

Abb. 65: Modularer Aufbau und erforderliche Anordnung der Funktionseinheiten der automatischen Lackwechselanlage

Die Funktionseinheiten sind im wesentlichen pneumatische, über Magnetventile angesteuerte und spülbare Lackwechselblöcke für Stammlacke und Härter, 2-K-Misch- und Fördereinheiten, bestehend aus Dosierpumpen und Mischer, Applikationssysteme, Materialversorgungseinheiten und einer automatischen Steuerung auf PC-Basis (siehe Abb. 66).
Durch dieses modulare Konzept ist es möglich, die Lackwechselanlage individuell und flexibel auf die speziellen Bedürfnisse und Anforderungen jedes einzelnen Anwenders auszulegen.

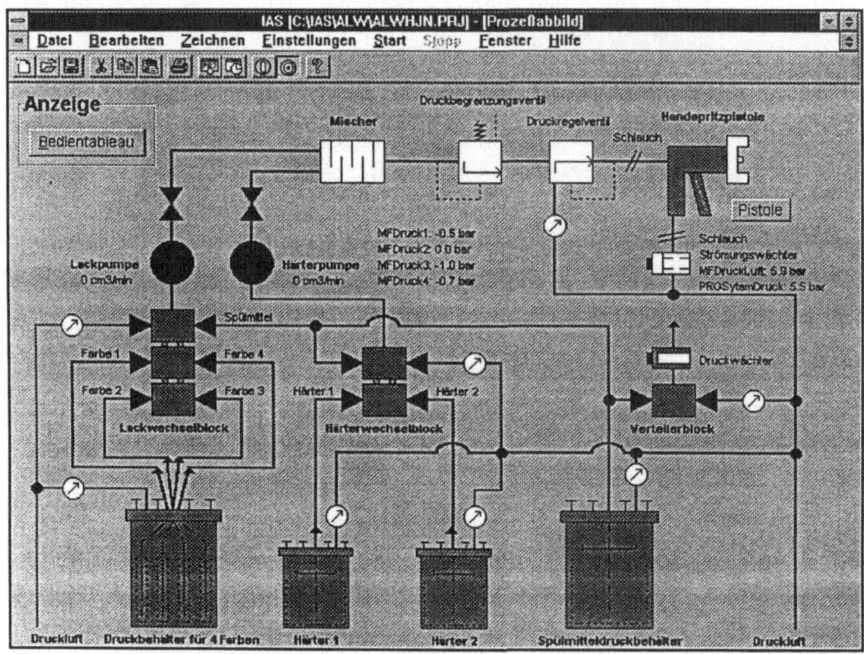

Abb. 66: Flexible Steuerung mittels eines Programmier- und Entwicklungssystems

Diese Variationsmöglichkeiten sind gekennzeichnet durch:

- Verarbeitung von 1-K- und 2-K-Materialien, basierend auf konventionellen Lacken oder Wasserlacken;
- Anschlußmöglichkeiten für beliebig viele Stammlacke und Härter;
- Ankoppelung verschiedener Applikationstechniken (Druckluftzerstäubung - Hand oder Automatik, Airless, Elektrostatik);

- Materialversorgung entweder mit Hilfe einzelner, für jedes Material separaten Druckbehältern, Sammeldruckbehältern für mehrere Einsätze unterschiedlicher Größen sowie Kleinmengen aus druckfreien Behältern (siehe Abb. 67);

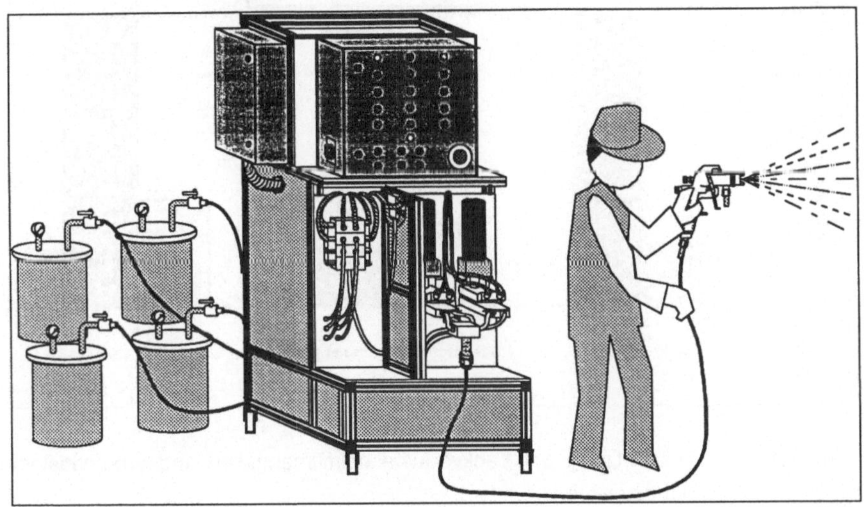

Abb. 67: Prototyp der Lackwechselanlage

7.2.3 Abschätzung der Materialverluste beim manuellen und automatisierten Handlackieren

Den Abschätzungen der Lack- und Spülmittelverluste der beiden Lackierweisen sind Erfahrungswerte aus mittelständischen Betrieben zugrundegelegt. Die Lackverluste bei automatisierter Handhabung hängen nur vom Systemvolumen und dem Schlauchinhalt ab (siehe Abbildung 68 und 69, Seite 108).
Beim konventionellen Handlackieren spielt allerdings das Geschick sowie das Umwelt- und das Kostenbewußtsein des Lackierers eine wichtige Rolle. Erfahrene Lackierer werden weitgehendst versuchen, die anzumischende Farbmenge an die Anzahl der zu beschichtenden Werkstücke anzupassen, wobei die Farbmengen für Nacharbeiten und vergessene Werkstücke schwierig abzuschätzen sind.
Ein unnötiger Farbwechsel erhöht dann nicht nur die Lack- und Spülmittelkosten, sondern auch die durch den höheren Zeitaufwand verbundenen Personalkosten.

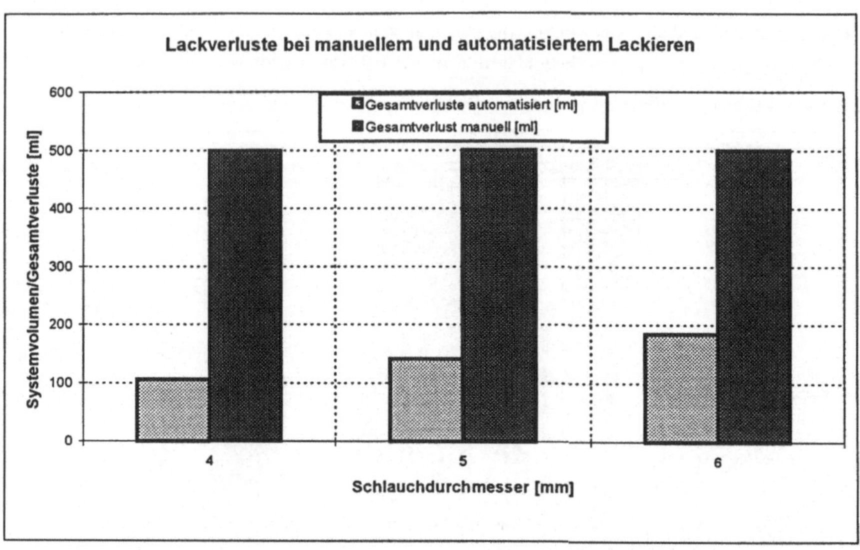

Abb. 68: Abschätzung der Lackverluste beim manuellen und automatisierten Handlackieren

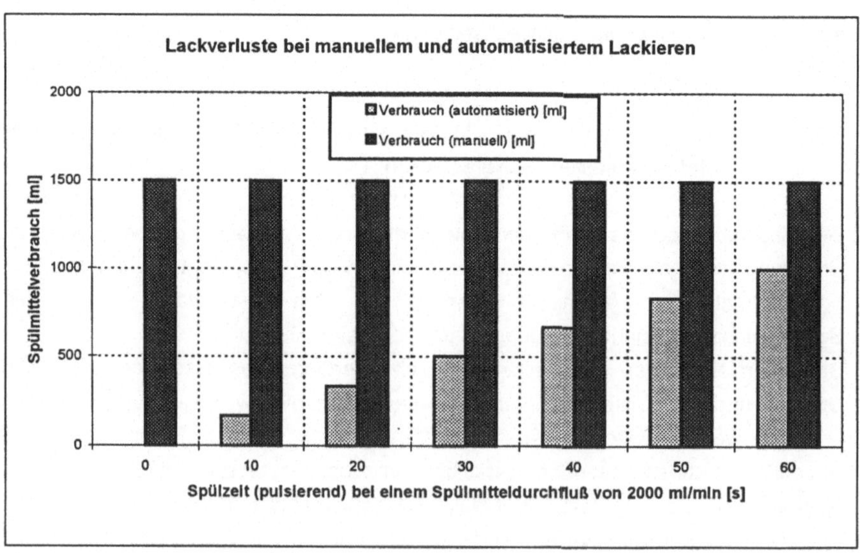

Abb. 69: Abschätzung der Spülmittelverluste beim manuellen und automatisierten Reinigen

Die Geamtkostenersparnis ist natürlich dem höheren Investitionsaufwand der automatischen Lackwechselanlage gegenüberzustellen. Durch die Einsparungen an Material, Personal und Entsorgung kann aber mit einer Amortisationszeit von unter zwei Jahren gerechnet werden.

Praxisversuche in mittelständischen Unternehmen werden dies bei richtiger Betriebsweise zeigen. Abbildung 70 zeigt eine Bilanzierung der Betriebskosten für die Lackiererei am Beispiel einer mittelständischen Firma.

	IST		*SOLL*	
Verbrauch	kg/a	DM/a	kg/a	DM/a
Grundierung	1800	18000	1500	15000
Decklacke (Stammlacke+Härter)	7734	116010	5500	82500
Spritzverdünnungen	1300	2600	700	1400
Reiniger (Waschverdünnung)	2600	3900	800	1200
Abfallaufkommen	kg/a	DM/a	kg/a	DM/a
Lackreste	3860	11580	2000	6000
Lackbehälter	750	750	400	400
verbrauchte Reiniger	2100	2100	500	500
Personalaufwand, Produktivität	Std./Mona	DM/a	Std./Mona	DM/a
Lackieren + Hilfstätigkeiten	510	306000	450	270000
Anlagen- und Gerätewartung	40	24000	20	12000
zusätzliche Kosten durch Anschaffung und Betrieb der Lackwechselanlage			DM	DM/a
Inbetriebnahme, Schulung				
Investition, Montage, Umstellung,			100000	
Kapitalkosten				15000
Wartung, Reparaturen				5000
Summen		*DM/a* 484940		*DM/a* 409000

Abb. 70: Bilanzierung der Betriebskosten für eine mittelständische Lackiererei

8 Zusammenfassung und Ausblick

Bei automatischen Lackieranlagen spielt heutzutage ein schneller, umweltfreundlicher und kostengünstiger Farbwechsel eine wichtige Rolle.
Im Rahmen dieser Arbeit werden für die automatische Farbwechseltechnik die Grundlagen der Rheologie und der Strömungsdynamik von Wasserlacken sowie der Spül- und Lösemittel in Rohrsystemen bzw. Schlauchleitungen geschaffen.
Für die experimentelle Umsetzung wird ein Prüfstand mit Farbwechselkomponenten vorgestellt, der für die Erfassung und Auswertung des Lackandrückens (d.h. Lackförderung zum Zerstäuber) und des Spülens beim Farbwechsel die geeignete Meß- und Prüftechnik beinhaltet. Insbesondere für die Bewertung der Spülqualität bzw. der Reinheit des Systems wird ein Sensor und ein Meßverfahren entwickelt, um on-line Farbkonzentrationsmessungen durchführen zu können.
Zur Ansteuerung des Prüfstands wurde ein Farbwechselsteuerungssystem entwickelt, das sich problemlos an eine Änderung des Prüfaufbaus anpassen läßt. Darüberhinaus übernimmt diese Software die Meßwertverarbeitung und dient als Grundlage für ein Simulationsprogramm der Farbwechseltechnik.
Durch die systematischen Versuchsreihen an Einzelkomponenten und durch die Vergleiche der theoretischen Berechnungsansätze mit den Versuchsergebnissen wird aufgezeigt, daß durch die grundlagenorientierte Farbwechseltechnik ein Verbesserungspotential hinsichtlich Konstruktion, Verfahrenstechnik und Wirtschaftlichkeit erreicht wird.

Die Berechnungsansätze der Strömungsmechanik newtonscher (Spülmittel) und nichtnewtonscher (Wasserlacke) Fluide in zylindrischen Lackleitungen basieren auf den Gesetzen von Hagen-Poiseuille (newtonsche Fluide) sowie von Ostwald und De Waele (nichtnewtonsche Fluide).
Für beide Ansätze ist die Kenntnis des exakten Viskositätsverhaltens des Fluids erforderlich. Mit Hilfe eines Rotationsviskosimeters wurden für die verwendeten Wasserlacke Fließkurven und deren rheologischen Eigenschaften ermittelt. Damit wird für eine laminare Lackströmung, z.B. beim Andrückvorgang, die Berechnung der Druckverluste in Abhängigkeit des Durchflusses sowie anderer strömungsrelevanter Größen möglich.

Für die verwendeten Spülmedien (VE-Wasser, Butylglykol, Spüllösung) wurden diejenigen Durchflußmengen ermittelt, bei denen der Übergang von laminarer zu turbulenter Strömung erfolgt, da der Reingungseffekt bei turbulenter Strömung durch die zusätzlichen Querströmungen höher ist und somit eine Optimierung bezüglich

Spüldauer und Spülmittelverbrauch erreicht wird. Die Berechnungen und Vergleiche werden auch zur Überprüfung und Kalibrierung der eingesetzten Meßtechnik herangezogen.

Weiterhin wurden die Druckverlustkennlinien bei Lackströmungen von verschiedenen Farbwechselsystemkomponenten unterschiedlicher Hersteller experimentell ermittelt.
Es zeigt sich, daß die Druckverluste in Abhängigkeit der Durchflußmengen dieser Bauteile nur von der Viskosität des Wasserlacks und der Konstruktion abhängen. Die Lackströmung ist immer laminar. Die Kennlinien zeigen den durch das rheologische Verhalten verursachten Verlauf wie die Lackleitungen. An einem Berechnungsbeispiel wird gezeigt, daß der Druckverlust in Abhängigkeit des Durchflusses für die Farbwechselsystemkomponenten (separat und miteinander kombiniert) mit guter Genauigkeit berechnet werden können.
Vergleiche unterschiedlicher Fabrikate hinsichtlich Druckverlust ergeben aufgrund der Systemähnlichkeit und der Bauart keine signifikanten Unterschiede.

Voraussetzung für die Optimierung des Spülvorganges ist die Kenntnis der relevanten Einstellparameter (Druck, zeitlicher Spülablauf), sowie ein Verfahren zur meßtechnischen Erfassung der Farbrestkonzentration (gespülten Zustandes). Die Bestimmung des gespülten Zustand eines Farbwechselsystems wird z. B. durch die Lackkonzentration im benutzten Spülmittel ermöglicht.
Das hier weiterentwickelte Meßprinzip und -verfahren für Wasserlacke ist die konduktometrische Konzentrationsbestimmung, bei der über die spezifische elektrische Leitfähigkeit der Grad der Lackverunreinigung des Spülmittels ermittelt wird. Dieses Meßverfahren ermöglicht on-line-Messungen während des Spülvorgangs. Bei dieser Weiterentwicklung und Neukonstruktion des Leitwertsensors mit spülbarer Sensorarmatur wurde besonders auf minimales Volumen geachtet.

Für die Bewertung der Spülqualität eines Farbwechselsystems oder einer Farbwechselkomponente ist sowohl die Spüldauer, als auch der Spülmittelverbrauch maßgebend. Anhand der Systemkomponente Farbwechselblock wird gezeigt, daß durch das konduktometrische Meßverfahren die Spülqualität einzelner Komponenten beurteilt werden kann. Hierzu wurden die Farbwechselblöcke zweier Hersteller miteinander verglichen. Weiterhin wird der Einfluß und die Auswirkung einer konstruktiven Veränderung auf die Spülqualität an einem der beiden Farbwechselblöcke aufgezeigt.

Für Spülversuche nur mit reinem Spülmittel (Einphasenströmung) ergibt sich, daß neben dem Strömungswiderstand der Farbwechselblöcke andere konstruktive Unterschiede, wie z.B. das Material, die Herstellung oder das Ventilprinzip sowie die verwendeten Andrückfarben eine untergeordnete Rolle spielen.
Für den Reinigungsvorgang ist grundsätzlich die Strömungsgeschwindigkeit im Farbwechselsystem entscheidend. Der Spülmitteldurchfluß kann durch den eingestellten Spülmitteldruck, aber auch durch den Strömungswiderstand des Farbwechselsystems geregelt werden. Dies bedeutet, daß sich bei höherem Durchfluß sowohl die Spüldauer, als auch der Spülmittelverbrauch verringert.

Bei Spülprogrammen mit alternierenden Luft- und Spülmitteltakten werden durch die Lufttakte die Volumina der Spülmittelphasen regelrecht durch das Farbwechselsystem hindurch katapultiert (Zweiphasenspülung). Damit wird eine generelle Verkürzung der Spüldauer und eine Verringerung des Spülmittelverbrauchs erzielt.
Die Versuche an den Farbwechselblöcken zeigen, daß durch die Erhöhung des Spülmitteldurchflusses eine weitere Verkürzung der Spüldauer nur noch bei gleichzeitig höherem Verbrauch erreicht wird. Je nach Anforderungsprofil der Kriterien Spüldauer und Spülmittelverbrauch muß für den automatischen Farbwechsel über den Einsatz des geeigneten Farbwechselblocks entschieden werden.
Mit dem Farbwechselblock A (hoher Durchfluß) wird bei hohem Spülmittelverbrauch eine kurze Spülzeit erreicht, während mit dem Farbwechselblock B (geringer Durchfluß) bei langer Spülzeit ein geringer Spülmittelverbrauch erzielt wird.

Im Hinblick auf eine weitere Optimierung des alternierenden Reinigungsvorgangs wurde der Einfluß von Taktdauer und Anfangstakt des Spülprogramms untersucht. Es wird gezeigt, daß die Anzahl der Phasenwechsel bzw. die Anzahl der erzeugten Pulse den ausschlaggebenden Einfluß auf die Spüldauer sowie auf den Spülmittelverbrauch hat. Hierbei besteht für die Taktdauer ein vom jeweils eingerichteten Farbwechselsystem abhängiges Optimum. Für die hier durchgeführten Versuche ergibt sich ein Optimum bei 0,4 s Taktdauer (Verzögerungs -bzw. Totzeit der Funktionsventile: 150 - 200 ms). Durch einen Spülmittelanfangstakt wird eine weitere Verbesserung des Spülergebnises erzielt.

Mit einem neu entwickelten Vormischspülventilblock wurden in bezug auf die Spülqualität Untersuchungen zum Vergleich von alternierender und kontinuierlicher Zweiphasenspülung durchgeführt. Es zeigt sich, daß mit einem Vormischspülblock durch die erhöhte Wechselwirkung zwischen den Phasen und dem vorgegebenen höheren Spülmitteldurchfluß eine Spülzeitverkürzung zu erreichen ist. Der höhere

Spülmitteldurchfluß bedeutet allerdings auch einen höheren Spülmittelverbrauch. Somit sollte der Vormischspülblock nur bei extrem kurz geforderten Spülzeiten Einsatz finden.

Mögliche Anwendungsbereiche der Farbwechsel- und Spültechnik für Materialeinsparungen liegen nicht nur in der industriellen Großlackiererei, sondern auch in klein- und mittelständischen Lackierbetrieben.

Die Ergebnisse der hier erarbeiteten grundlagenorientierten Farbwechseltechnik können einerseits in die Planung, Optimierung und Simulation neuer Lackieranlagen einfließen und andererseits als punktuelle Verbesserungen an bestehenden Anlagen genutzt werden. Einfache Maßnahmen für Verbesserungen und Materialeinsparungen in den individuellen Farbversorgungen sind z. B. die Anpassung der Schlauch- und Bauteilquerschnitte (Druckverluste) und die Erhöhung des Spüldruckes für eine schnellerer und wirtschaftlichere Reinigung.

Durch die Entwicklung und den Bau einer automatisierten Lackwechselanlage wird darüberhinaus gezeigt, daß mit der Farbwechsel - und Spültechnik gegenüber dem konventionellen Handlackieren mit Becherspritzpistolen enorme Einsparungen bei Kleinmengen-Lackverarbeitern erreicht werden können.

9 Literaturverzeichnis

/1/ Baker, D. W.,
Dissertation, Decay of swirling, turbulent flow of incompressible fluids in long pipes, University of Maryland, Ph. D., 1967

/2/ Baumgärtner O., Nolte H.-J.,
Lackwechselanlage für Kleinmengen, Metalloberfläche (mo), 4/96, Nr. 50, Seite 297-300, Carl Hanser Verlag, München

/3/ Baumgärtner O., Nolte H.-J.;
Automatische Lackwechselanlage für Kleinmengen, Taschenbuch für Lackierbetriebe 1997, Nr. 54, Seite 286-293, Vincentz Verlag, Hannover

/4/ Beitz W., Küttner K.-H.,
Dubbel, Taschenbuch für den Maschinenbau, Springer-Verlag, 1990

/5/ Bieg M.,
Diplomarbeit zum Thema: Untersuchungen von Farbwechselvorgängen an automatischen Lackieranlagen, Fraunhofer-Institut für Produktionstechnik und Automatisierung, Stuttgart, 1995

/6/ Bogue D.C.,
Entrance effects and prediction of turbulence in non-Newtonian flow, Ind. Eng. Chem. 51, 7, 874 8, 1957

/7/ Böhme G.,
Strömungsmechanik nicht-newtonscher Fluide, Teubner Studienbücher Mechanik, Stuttgart 1981

/8/ Bradbury L.J.S., Durst F., Launder B.E., Schmidt F.W., Whitelaw J.H., Turbulent Shear Flows 4, Springer-Verlag, Berlin, Heidelberg, New York, Tokyo, 1985

/9/ Brauer H.,
Grundlagen der Einphasen- und Mehrphasenströmungen, Sauerländer-Verlag, Frankfurt am Main, 1971

/10/ Bronstein I. N., Semendjajew K. A.,
Taschenbuch der Mathematik, Verlag Harri Deutsch, Thun und Frankfurt/Main, 1985

/11/ Collins M. and Schowalter W.R.,
Behavior of non-Newtonian fluids in the entry region of a pipe,
Aiche J. 9, 6, 804 9, 1959

/12/ Dellwisch S.,
Darstellung von Mengenmeßsystemen am Beispiel einer Lackiererei,
Vortrag der DFO-Tagung: Automations- und Applikationstechnik in der Lackierung, Seite 19-26, Münster, 1991

/13/ Deutsche Norm: Bestimmung von Fließkurven und Viskositäten mit Rotationsviskosimetern, DIN 53214, Februar 1982

/14/ Deutsche Norm: Messung der dynamischen Viskosität newtonscher Flüssigkeiten mit Rotationsviskosimetern, DIN 53018, Teil 1, März 1976

/15/ Deutsche Norm: Messung der dynamischen Viskosität newtonscher Flüssigkeiten mit Rotationsviskosimetern, DIN 53018, Teil 2, März 1976

/16/ Deutsche Norm: Messung von Viskositäten und Fließkurven mit Rotationsviskosimetern mit Standardgeometrie, DIN 53019, Teil 1, Mai 1980

/17/ Dobrowolski B., Zdzislaw K., Jausz P.,
Theoretische und experimentelle Untersuchungen des Einflusses der Pulsationsströmung auf die Charakteristiken der Drosselgeräte,
Fortschr.-Ber., VDI Reihe 7, Nr. 193, VDI-Verlag, Düsseldorf, 1991

/18/ Dobrinski, Krakau, Vogel,
Physik für Ingenieure, B.G. Teubner Stuttgart, 1984

/19/ Druckverluste von plastischen Substanzen in zylindrischen Rohren,
CZ - Chemie Technik, 1974, Nr. 3, Seite 283-286

/20/ Eirich F.R.,
Rheology, Theory and Application, Academic Press, New York, Band 1, 1956

/21/ Eissenberg D.M. und Bogue D.C.,
Velocity profiles of thoria suspensions in turbulent pipe flow,
Aiche J. 10, 5, 723-7, 1964

/22/ Emmenthal K.-D., Saliaris Ch.,
Flüssigkeitseinspritzung in einen Kaltluftstrom, Forschungsbericht 67-19, Deutsche Forschungsanstalt für Luft- und Raumfahrt E.V., ZLDI München, 1967

/23/ Eyring H.,
Viscosity, plasticity and diffusion as example of absolute reaction rates,
J. Chem. Physics 4, 2, S. 83-91, 1936

/24/ Faust U.,
Vorlesungsskript Elektrotechnische Verfahren in der Medizin,
Institut für Biomedizinische Technik der Universität Stuttgart, 1993

/25/ Fredrickson A.G.,
Principles and Applications of Rheology, Prentice Hall,
Englewood Cliffs, New York, 1964

/26/ Friedl L.,
Modellgesetze für den Reibungsdruckverlust in der Zweiphasenströmung, VDI Forschungsheft 572, VDI-Verlag, Düsseldorf, 1975

/27/ Fritz H.-G.,
Grundlagen der Rheologie, Technische Akademie Esslingen

/28/ Geiger K.,
Einführung und Definition rheologischer Stoffwertfunktionen

/29/ Georg M.,
Farbversorgungssysteme, Vortrag der DFO-Tagung: Automations- und Applikationstechnik in der Lackierung, Seite 77-84, Münster, 1991

/30/ Gronemann H.-J.,
Diplomarbeit zum Thema: Optimierung des Farbwechsels bei der automatischen Spritzlackierung hinsichtlich Zeitdauer und

Spülmittelverbrauch, Institut für Mechanische Verfahrenstechnik, Apparatebau und Chemiemaschinenbau sowie Strömungslehre, Erlangen, Nürnberg, 1989

/31/ Gülhan A.,
Stoßwellen in Flüssigkeiten mit inerten und reaktiven Blasen,
Fortschr.-Ber., VDI Reihe 7, Nr. 162, VDI-Verlag, Düsseldorf, 1989

/32/ Heinrich H.-G.,
Die Messung des mittleren Druckes von pulsierenden Gasströmen mit Hilfe von trägen Meßgeräten, DFL-Bericht Nr. 209, Deutsche Forschungsanstalt für Luft- und Raumfahrt E.V., Braunschweig, 1963

/33/ King R.,
Flow induced vibrations, Proceedings of the first international conference, Springer-Verlag, 1987

/34/ Kittel H.,
Lehrbuch der Lacke und Beschichtungen, Verlag W. A. Colomb, 1977

/35/ Klein K.-H.,
Bedeutung der Farbversorgung im Wandel der Zeiten,
Vortrag der DFO-Tagung: Automations- und Applikationstechnik in der Lackierung, Seite 97-104, Münster, 1992

/36/ Klein S.,
Studienarbeit zum Thema: Fass-Konzept eines unter Windows programmierten Softwarepakets zur Generierung einer flexiblen Steuerung für einen Farbwechselprüfstand, Institut für Industrielle Fertigung und Fabrikbetrieb, Stuttgart, 1994

/37/ Klein S.,
Diplomarbeit zum Thema: Entwicklung des flexiblen Farbwechselsystems FASS, Implementierung elementarer Funktionalitäten in ein unter Windows programmiertes Softwarepaket zur flexiblen Steuerung für einen Farbwechselprüfstand, Institut für Industrielle Fertigung und Fabrikbetrieb, Stuttgart, 1995

/38/ Kraftfahrtechnisches Taschenbuch,
INA Wälzlager Schaeffler KG, Herzogenaurach

/39/ Kraftfahrtechnisches Taschenbuch, 19. Auflage
Robert Bosch GmbH, VDI-Verlag, 1984

/40/ Krell E., Schirmer W., Vieweg R.,
Nichtnewtonsche Flüssigkeiten, Strömungsvorgänge und Wärmeübergang,
VEB Deutscher Verlag für Grundstoffindustrie, Leipzig, 1967

/41/ Kühnl R.,
Studienarbeit zum Thema: Wirtschaftlicher Farbwechsel beim Einsatz von Kolben-Dosieranlagen, ein Installationsbeispiel, Schriftenreihe Praxis-Forum, 1994

/42/ Landl R.,
Ein Modell für strömungserregte Schwingungen, Forschungsbericht 74-42,
Deutsche Forschungsanstalt für Luft- und Raumfahrt E.V., Berlin, 1974

/43/ Leisin O.,
Spritzstrahloptimierung in einer Roboter-Lackierzone für Detailflächen,
Vortrag der DFO-Tagung: Automations- und Applikationstechnik in der Lackierung, Seite 201-222, Münster, 1991

/44/ Mäder E.,
Studienarbeit zum Thema: Untersuchungen zur Druck- und Konzentrationsmessung im Hinblick auf einen zu optimierenden Farbwechselprozeß, Institut für Industrielle Fertigung und Fabrikbetrieb, Stuttgart, 1994

/45/ Mairle B.,
Studienarbeit zum Thema: Optimierung des automatischen Farbwechsels für Wasserbasislacke hinsichtlich der Zeitdauer und des Spülmittelverbrauchs,
Institut für Industrielle Fertigung und Fabrikbetrieb, Stuttgart, 1996

/46/ Medler E.,
Farbwechsel in der automatischen Spritzlackierung,

Vortrag der DFO-Tagung: Automations- und Applikationstechnik in der Lackierung, Seite 53-76, Münster, 1991

/47/ Metzner A.B.,
Non-Newtonian Theology, in Advances in Chemical Engineering, Vol. 1, S. 77-153, Academie Press, New York, Band 1, 1956

/48/ Metzner A. B., Reed J. C.,
Flow of Non-Newtonian Fluids - Correlation of the Laminar, Transition and Turbulent - Flow Regions, A.I.Ch.E. Journal, 12 (1955), 434 ff

/49/ Minko P.,
Konzepte der Lackiererei 2000,
Vortrag der DFO-Tagung: Automations- und Applikationstechnik in der Lackierung, Seite 3-8, Münster, 1992

/50/ Näser K.- H.,
Physikalisch - Chemische Meßmethoden, VKB, Deutscher Verlag für Grundstoffindustrie

/51/ Noetzel Physik, Messtechnik, Die kleine Leitfähigkeits-Fibel,
Einführung in die Konduktometrie für Praktiker

/52/ Ostheus J.,
Experimentelle und theoretische Untersuchungen an einem periodisch schwingenden turbulenten Freistrahl,
Fortschr.-Ber., VDI Reihe 7, Nr. 105, VDI-Verlag, Düsseldorf, 1986

/53/ Prandtl L.,
Ein Gedankenmodell zur kinetischen Theorie der festen Körper,
Z. angew. Math. Mech. 8, 2,Seite 85-106, 1928

/54/ Prestel E. und Liebau G.,
Phänomen der pulsierenden Strömung im Blutkreislauf aus technologischer, physiologischer und klinischer Sicht, Vorträge und Diskussionsbemerkungen des 1. Symposiums, Hannover, 19. April 1969

/55/ Rheology and Flow of Phosphate Slurries (Mine Tailings) in Pipes, Chem. Eng. Technol. , 10 (1987), S. 305 - 311

/56/ Richter H., Rohrhydraulik, Ein Handbuch zur praktischen Strömungsberechnung, Springer-Verlag, Berlin, Heidelberg, New York, 1971

/57/ Riediger S., Möglichkeit der Lackeinstellung und Viskositätsmessung an ausgewählten Lacksystemen, Vortrag der DFO-Tagung: Automations- und Applikationstechnik in der Lackierung, Seite 85-94, Münster, 1991

/58/ Röger W., Vortrag zum Thema: Erfolgreiche 2-Komponenten Lackiertechnik

/59/ Schetz J. A., Injection and mixing in turbulent flow, Volume 68, Progress in astronautics and aeronautics, Martin Summerfields, Series Editor-in-Chief, American Institute of Aeronautics and Astronautics, 1980

/60/ Schmidt E., Technische Thermodynamik, 11. Auflage, Stephan K., Mayinger F. Band 2, Mehrstoffsysteme und chemische Reaktionen, Springer-Verlag, Berlin, Heidelberg, New York, 1977

/61/ Schneider U., Diplomarbeit zum Thema: Optimierung des Farbwechsels bei der automatischen Spritzlackierung hinsichtlich Zeitdauer und Spülmittelverbrauch bei Lösemittel- und Wasserlacken, Institut für Mechanische Verfahrenstechnik, Apparatebau und Chemiemaschinenbau sowie Strömungslehre, Erlangen, Nürnberg, 1990

/62/ Schöner H., Vorlesungsunterlage zu Physikalische Chemie Lacke, FH Druck Stuttgart

/63/ Schöttler H., Erfahrungen in einer vollautomatischen Decklackstraße,

Vortrag der DFO-Tagung: Automations- und Applikationstechnik in der Lackierung, Seite9-16, Münster, 1992

/64/ Schulz V., Der Wellencharakter der Turbulenzstruktur einer ebenen, räumlich gestörten Kanalströmung, Fortschr.-Ber., VDI Reihe 7, Nr. 153, VDI-Verlag, Düsseldorf, 1989

/65/ Schunn Berger A., Praktische Farbmessung , Muster Schmidt Verlag, Göttingen, Zürich 1991

/66/ Seidl B., Diplomarbeit zum Thema: Druckverlust in Rohrsträngen bei Nichtnewtonschen Fluiden, Institut für Mechanische Verfahrenstechnik, Apparatebau und Chemiemaschinenbau sowie Strömungslehre, Erlangen, Nürnberg, 1988

/67/ Skelland A. H. P., Non-Newtonian Flow and Heat Transfer, John Wiley & Sons, Inc., New YAork, London, Sydney, 1967

/68/ Svejda P., Automatisierung in der Spritzlackiertechnik, Vortrag der DFO-Tagung: Automations- und Applikationstechnik in der Lackierung, Seite 3-18, Münster, 1991

/69/ Taschenbuch der Physik, Verlag Harri Deutsch, Thun und Frankfurt am Main , 1989

/70/ Technisches Handbuch der Schaeffler Wälzlager oHG, Homburg- Saar

/71/ Technische Strömungslehre, Kurzfassung der Vorlesung, Institut für Hydraulische Strömungsmaschinen, Prof. Dr.-Ing. G. Lein, Universität Stuttgart

/72/ Turbo, magnetisch-induktiver Durchflußmesser, Datenblatt, Typ MG 711/F2

/73/ Turbinendurchflußmeßzelle, HM-Serie, Datenblatt, Küppers

/74/ Ulshöfer K., Hornschuh H.-D.,
mathematische Formelsammlung für Gymnasien,
Verlag Konrad Wittwer KG, Stuttgart, 1988

/75/ Vetter K., Baumann M.,
Dosiersysteme für konventionelle Lacke und Wasserlacke,
Vortrag der DFO-Tagung: Automations- und Applikationstechnik in der Lackierung, Seite 27-46, Münster, 1991

/76/ VDI-Wärmeatlas, Abschnitt La 1 - Lk 5, VDI-Verlag GmbH, Düsseldorf, 1984

/77/ Vogt H.,
Die Anwendung des Zwei-Fluid Modelle auf die numerische Berechnung der Strömung von Gas-Flüssigkeitsgemischen mit hohem Gasphasenanteil, VDI Forschungsheft 232, VDI-Verlag, Düsseldorf, 1993

/78/ Weymann H.,
Theoretische und experimentelle Untersuchungen zur Platzwechseltheorie des viskosen Fließens, Kolloid-Z. 138, 1, Seite 41-56, 1954

/79/ Wilde K.,
Wärme- und Stoffübergang in Strömungen, Band 1, Erzwungene und freie Strömung, Dr. Dietrich Steinkopff Verlag, Darmstadt, 1978

/80/ Zoebl H.,
Pneumatifibel, Krausskopf-Verlag, 1970

/81/ Zoebl H., Krutschik J.,
Strömung durch Rohre und Ventile, Tabellen und Berechnungsverfahren zur Dimensionierung von Rohrleitungen, Springer-Verlag, Wien, New York, 1982

Anhang

Abbildungsverzeichnis

Lebenslauf

Pesönliches:	Hans-Jürgen Nolte, geboren am 9. November 1962 in Besigheim, Familienstand: ledig, Eltern: Friedrich Nolte, Maschinenbaumeister und Frieda Nolte, geb. Irsigler	
Schulbildung:	1969 - 1973:	Grundschule in Gemmrigheim
	1973 - 1982:	Gymnasium Besigheim
	14.06.1982:	Abschluß: Abitur
Studium:	1986 - 1992:	Studium des Maschinenwesens mit den Hauptfächern Fabrikbetrieb und Steuerungstechnik an der Universität Suttgart
	26.11.1992:	Abschluß mit Diplom an der Universität Suttgart, Diplomarbeit bei der Mercedes-Benz AG in Sindelfingen, Abteilung Verfahrensentwicklung - Oberflächentechnik, bearbeitet
Berufliche Tätigkeit:	1982 - 1983:	Grundwehrdienst in Landsberg/Lech
	1983 - 1986:	Berufsausbildung als Maschinenschlosser bei der Firma Dürr Anlagenbau GmbH in Stuttgart-Zuffenhausen
	3/1986 - 6/1986:	Auslandsmontage für die Firma Dürr bei Volvo Göteborg
	Gießereipraktikum:	4 Wochen
	1/1993 - 5/1993:	Geprüfte wissenschaftliche Hilfskraft am Fraunhofer-Institut für Produktionstechnik und Automatisierung, Stuttgart
	seit 01.06.93:	Wissenschaftlicher Mitarbeiter am Fraunhofer-Institut für Produktiontechnik und Automatisierung (IPA), Stuttgart, im Bereich Lackiertechnik